Leandro Bertoldo
Elasticidade, Vol. V, Conceitos Gerais

ELASTICIDADE
Volume V

"Conceitos Gerais"

Leandro Bertoldo

Leandro Bertoldo
Elasticidade, Vol. V, Conceitos Gerais

Leandro Bertoldo
Elasticidade, Vol. V, Conceitos Gerais

Dedicatória

Dedico este livro à minha amada mãe
Anita Leandro Bezerra

Leandro Bertoldo
Elasticidade, Vol. V, Conceitos Gerais

"Há poder no conhecimento de ciências de toda a espécie, e é designo de Deus que a ciência avançada seja ensinada em nossas escolas como preparação para a obra que há de preceder as cenas finais da história terrestre".
(Fundamentos da Educação Cristã, 186).

Ellen Gould White
Escritora, conferencista, conselheira,
e educadora norte-americana.
(1827-1915)

Leandro Bertoldo
Elasticidade, Vol. V, Conceitos Gerais

Leandro Bertoldo
Elasticidade, Vol. V, Conceitos Gerais

Sumário

Dados biográficos
Prefácio

Capítulo I: Introdução Geral à Elasticidade

Capítulo II: Dinamismo Elástico

Capítulo III: Força de Rigidez

Capítulo IV: Geometria da Elasticidade

Capítulo V: Fisiolasticidade

Capítulo VI: Campo Elástico

Capítulo VII: Barolástica

Capítulo VIII: Reostatos Dinamoscópicos

Capítulo IX: Movimento Uniforme dos Reostatos

Capítulo X: Movimento Variado dos Reostatos

Capítulo XI: Introdução à Dissipalidade

Capítulo XII: Noção de Forças Dissipadas

Capítulo XIII: Noção de Semielásticos

Dados biográficos

Leandro Bertoldo é o primeiro filho do casal José Bertoldo Sobrinho e Anita Leandro Bezerra. Tem um irmão chamado Francisco Leandro Bertoldo. Os dois seguiram a carreira no judiciário paulista, incentivados pelo pai, que via algo de desejável na estabilidade do serviço público.

Leandro fez as faculdades de Física e de Direito na Universidade de Mogi das Cruzes – UMC. Seu interesse sempre crescente pela área das exatas vem desde os seus 17 anos, quando começou a escrever algumas teses sérias a respeito do assunto. Em 1995, publicou o seu primeiro livro de Física, que foi um grande sucesso entre os professores universitários. O seu comprometimento com o Direito é resultado de suas atividades junto ao Tribunal de Justiça do Estado de São Paulo.

Leandro casou-se duas vezes e teve uma linda filha do primeiro matrimônio chamada Beatriz Maciel Bertoldo. Sua segunda esposa Daisy Menezes Bertoldo tem sido sua grande companheira e amiga inseparável de todas as horas. Muitas de suas alegrias são proporcionadas pelos seus amados cachorros: Fofa, Pitucha, Calma e Mimo.

Durante sua carreira como cientista contabilizou centenas de artigos e dezenas de livros, todos defendendo teses originais em Física e Matemática, destacando-se: "Teoria Matemática e Mecânica do Dinamismo" (2002); "Teses da Física Clássica e Moderna" (2003); "Cálculo Seguimental" (2005); "Artigos Matemáticos" (2006) e "Geometria Leandroniana" (2007), os quais estão sendo discutidos por vários grupos de pesquisas avançadas nas grandes universidades do país.

Leandro Bertoldo
Elasticidade, Vol. V, Conceitos Gerais

Prefácio

Elasticidade é a primeira obra exaustiva e de natureza sistemática produzida *ab ovo* pelo autor no período de 1978 a 1980. Trata-se de um livro de fôlego, constituído por mais de mil páginas, que foram distribuídas em cinco volumes.

O livro encontra-se inteiramente estruturado no método científico, especialmente pela análise matemática. Partindo de poucos princípios, o livro cresceu alimentando-se do método da analogia com os diversos ramos da Física Clássica.

O manuscrito original desta obra apresenta uma letra bem delineada, bastante caprichada, clara e limpa. Naquela época o autor era um intelectual vanguardista bastante jovem e orgulhoso, que contava apenas 19 anos de idade. Ainda estudante colegial, aplicava-se com afinco à leitura de Descartes, Locke, Rousseau, Voltaire, Leibniz, Galileu, Newton, Einstein etc. Além disso, dedicava todo seu tempo livre na elaboração de profundas pesquisas científicas em física. Somente a juventude do autor poderia permitir a introdução de conceitos inovadores e de ideias inusitadas no campo da Física Clássica, como se pode constatar nesta obra.

Na falta de um nome apropriado para designar as novas leis, fórmulas e conceitos, provisoriamente, lancei mão do nome que estava mais acessível naquele momento: "Leandro". Entretanto, tal nome poderá ser substituído por outra designação mais adequada, que a ciência achar conveniente.

O próprio título da obra articula bem os seus objetivos: "Elasticidade". Ela visa realizar o estudo sistemático das propriedades das deformações elásticas e plásticas que os corpos apresentam ao serem submetidos à ação de uma intensidade de força.

O **primeiro volume** desta série é dedicado ao estudo dos princípios fundamentais envolvidos nas deformações elásticas. Nele é analisado o equilíbrio elástico, o conceito de dinamoscópio, dinamômetros, escalas dinamométricas, quantidade elástica, tração, compressão, deformações lineares, superficiais e volumétricas e finalmente analisa a relação entre as deformações e a temperatura.

O **segundo volume** foi consagrado ao estudo dos sistemas e instrumentos de medidas elásticas, como por exemplo, os leandrometros e multímetros dinamoscópico, bem como o estudo das pontes elásticas, associações em série e em paralelo de corpos dinamoscópicos.

O **terceiro volume** desta série é destinado ao estudo das grandezas físicas da Cinemática e da Dinâmica, aplicadas às forças e às deformações elásticas dos corpos dinamoscópicos.

O **quarto volume** está voltado ao estudo das contrações e expansões laterais provocadas pelas deformações por tração e compressão linear, superficial e volumétrica.

O **quinto volume** desta série propõe estudar os corpos dinamoscópicos elásticos, semielásticos e plásticos, rigidez dinamoscópica, ponto de ruptura, conceitos geométricos aplicados na dinamoscopia, campo elástico e estudos sobre os reostatos dinamoscópicos.

Enfim, o livro é revolucionário e inovador. Ele traz em seu bojo muitas pesquisas originais e inéditas, produzidas pelo autor em sua juventude. Esta obra estabelece claramente um paradigma ao criar um novo ramo da Física Clássica: Elasticidade.

O autor folga em oferecer ao grande público ledor esta maravilhosa obra, esperando que venha a ter boa acolhida entre os homens de ciência e visionários do futuro, a fim de que o universo do nosso conhecimento continue no seu grande processo de expansão.

leandrobertoldo@ig.com.br

CAPÍTULO I
Introdução Geral à Elasticidade

1. Introdução

Ao iniciar o estudo da teoria elástica, é necessário entender certos conceitos básicos que são muito usados, e que procurarei desenvolver nesta primeira parte do programa.

Nesta introdução à elasticidade, apresento os conceitos de forças estáticas, acentuando simultaneamente o caráter de causa e efeito. Note que eu disse conceitos e não definições, porque existem certos conceitos básicos que não são possíveis de serem definidos e sim, dar uma ideia dos termos que estudaremos neste livro.

Na elasticidade a noção de força estática é discutida sob o ponto de vista das deformações.

A elasticidade estuda as forças cuja função é alterar as dimensões ou a forma do corpo a que ela se aplica.

2. Reconhecimento da Elasticidade

Suponha-se que se deseja estudar o comportamento experimental das deformações dos corpos. Considere então que esse corpo encontra-se fixo numa de suas extremidades. Assim, ao tentar aplicar uma força suficientemente intensa na outra extremidade, verificar-se-á o aparecimento de uma deformação no referido corpo. E o mesmo só voltará ao seu estado natural quando a força deixar de ser aplicada. Esse comportamento verificado experimentalmente sugere a existência de uma propriedade inerente a alguns corpos - propriedade esta, que não existe quando se trata de outros materiais - denominada elasticidade.

Assim, as experiências realizadas indicam que somente os corpos elásticos ao serem deformados, podem restituir-se ao seu estado natural, fato que não ocorre, portanto, com os corpos rígidos.

Sabendo-se então da existência de corpos elásticos e de corpos rígidos, resta apurar quais são esses corpos e como reconhecê-los. Para isso, pode-se verificar experimentalmente o reconhecimento desses corpos elásticos e rígidos, bastando aplicar o princípio que rege a elasticidade e a rigidez. Esses princípios, bastante primitivo, reza a seguinte oração:

A - Todo corpo elástico é deformável, sob a ação de forças.
B - Todo corpo rígido é indeformável, sob a ação de forças.

Uma propriedade dos corpos rígidos é a seguinte:
"O efeito de uma força sobre um corpo rígido não se altera, quando o ponto de aplicação dessa força desloca-se ao longo de sua direção".

Desse modo, quando uma força, atua em qualquer ponto, numa mesma direção, num corpo rígido, o efeito é o mesmo.

Uma propriedade dos corpos perfeitamente elásticos e a seguinte:
"Ao imprimir uma força num corpo perfeitamente elástico, esse sofre uma deformação, e na ausência da força deverá retornar ao seu estado natural".

Essa propriedade elástica permite verificar através do comportamento de uma mola de aço em espiral, que ela é um corpo elástico. Ao passo que uma pedra de diâmetro é um corpo rígido, pois sob a ação de forças não sofre deformações de nenhuma natureza.

Verifica-se experimentalmente que são exemplos de corpos elásticos:

a - molas de aço em espiral
b - molas helicoidais

c - fios elásticos ideais
d - gases em geral
e - etc.

Os corpos rígidos tendem a fragmentar-se sob a ação de forças muito intensas. Isso significa que existe certo limite para a rigidez.

3. Estado Elástico da Matéria

Habitua-se ao fato do corpo elástico se apresentar sob a forma de deformação ou sob a forma de restituição ao seu estado natural, podendo passar de uma situação para outra. Assim, a elasticidade ideal distingue-se sob duas fases:

Fase de Deformação

A fase de deformação é a fase em que ocorre propriamente dito, a deformação; ou seja, a fase iniciada no momento em que se aplica uma força no corpo e termina quando ele sofre a deformação máxima, dentro dos limites elásticos.

Fase de Restituição

A fase de restituição é a fase em que ocorre a restituição; ou seja, aquela iniciada a partir da máxima deformação e que se prolonga até o momento em que o corpo retorna ao seu estado natural.

A fase de restituição ocorre quando a força deformatória é retirada do corpo, e este devido a sua elasticidade, retorna ao seu estado natural. As fases de deformação e restituição constituem os estados elásticos da matéria. Portanto, de um modo geral, os corpos elásticos existentes podem ser encontrados em dois estados: em fase de restituição ou em fase de deformação.

Desse modo no estado natural o corpo elástico não se encontra sob nenhuma ação de forças e possui volume, comprimento e forma bem definida e constante.

Já na deformação ou na restituição, o corpo não possui volume ou comprimento bem definidos e assume a forma modelada pela força que lhe é impressa. Esses estados assumidos pelos corpos elásticos são explicados exclusivamente pela ação de forças de restaurações e de deformações. Desse modo, conclui-se generalizadamente que a força altera a forma dos corpos. Em última análise, a mudança de forma ou volume de um corpo, sob a ação de forças externas é determinada pelas forças resultantes entre suas moléculas.

4. Tipos de Elasticidade

Pode-se observar experimentalmente que, ao prender um corpo elástico por uma de suas extremidades a um plano horizontal fixo, e ao aplicar na outra extremidade uma intensidade de força, o corpo sofrerá uma deformação e, no entanto poderá ou não restituir-se.

Este fato leva a dividir e classificar a elasticidade em três classes distintas.

a) Primeira Classe: "Elasticidade Perfeita"- Uma deformação é denominada de elasticidade perfeita quando, retirada a força que deforma o corpo, este retorna à sua posição inicial. Nos mesmos termos, posso escrever que a elasticidade perfeita é a propriedade pela qual um corpo se deforma sob a ação de uma força e retorna à sua forma inicial ao cessar a ação da força deformadora.

b) Segunda Classe: "Elasticidade Parcial"- Entende-se por elasticidade parcial quando, retirada a ação da força que deforma um corpo elástico, este não se restitui totalmente à sua posição inicial, restituindo-se somente em parte.

c) Terceira Classe: "Elasticidade Plástica"- Entende-se por elasticidade plástica quando, retirada a ação da força que deforma o corpo, este não se restitui à sua posição inicial, mas continua em sua nova forma depois de cessada a ação da causa deformadora. Ou seja, a deformação é permanente.

Uma mola de chumbo em espiral é um corpo cinelástico; isto é, possui elasticidade plástica, pois ao ser imprimida por uma dada intensidade de força, sofre uma deformação e na ausência dessa força, não restitui-se.

5. Índice de Restituição Elástica

Pode-se demonstrar experimentalmente que as deformações e a restituições elásticas são verificadas pela seguinte igualdade:

$$l_2 - l_1 = a \cdot (L_2 - L_1)$$

Onde (L_1) e (L_2) são as deformações dos corpos sob a ação de forças (l_1) e (l_2) as respectivas deformações na fase de restituição depois de cessada a ação da força e a grandeza "a" é chamada de "índice de restituição elástica" e é uma grandeza adimensional. O valor de "a" depende da elasticidade dos corpos.

a = deformação na ausência de forças (restituição)/deformação na presença de forças (deformação)

Simbolicamente:

$$a = l_2 - l_1 / L_2 - L_1$$

Porém, como ($\Delta L = L_2 - L_1$) e ($\Delta l = l_2 - l_1$), pode-se expressar o índice de restituição do seguinte modo:

$$a = \Delta l / \Delta L$$

Isso permite afirmar que o índice de restituição elástica é igual ao quociente da variação da restituição, inversa pela variação da deformação.

O índice de restituição "a" é um número puro; isto é, desprovido de unidade, podendo ainda ser expresso em termos de porcentagem. Verifica-se então o campo de variação de "a", de acordo com cada uma das classes de elasticidade:

Elasticidade Perfeita

A elasticidade perfeita é caracterizada pelos corpos elásticos ideais, a fase de deformação ($L_2 - L_1$), tem módulo igual à fase de restituição ($l_2 - l_1$). Portanto, (a = 1) nesses corpos elásticos.

Princípio da Conservação Elástica

O princípio da conservação elástica é um dos mais primitivos princípios de conservação, sobre o qual se fundamenta a elasticidade. Os resultados que pude obter a partir de experiências realizadas com deformações elásticas me permitiram compor o seguinte enunciado. Antes, porém, é absolutamente necessário introduzir o conceito de sistema elasticamente isolado, que se define como sendo todo aquele sistema de deformações de elasticidade perfeita. Isto posto, passa-se ao enunciado do princípio da conservação elástica:

"Em um sistema elasticamente isolado, a soma algébrica das deformações e restituições é constante".

Para exemplificar o referido princípio, considere um corpo perfeitamente elástico (A), sob a ação de uma força provocando uma deformação (ΔL). Admita que, de certo modo, ocorreu a ausência de força no corpo deformado; e, seja (Δl), a restituição elástica.

De acordo com o princípio da conservação elástica, a variação da deformação na presença da força é igual à restituição, quando ocorre a ausência da força.

$$\Delta L = \Delta l = \text{constante}$$

Ou seja:

$$\Delta L - \Delta l = 0$$

A conservação elástica parece sugerir que as deformações e as restituições dos corpos elásticos ideais não podem ser destruídas ou criadas.

Entretanto, na realidade, uma força muito intensa pode aproximar as deformações nos limites elásticos e nesses casos a restituição é parcial, entretanto a diferença da restituição para a deformação é muito pequena e considera-se como praticamente nula. E desse modo continua sendo válido o princípio da conservação elástica. Outro caso semelhante ocorre quando uma força é mantida aplicada no corpo elástico durante um longo período de tempo.

Elasticidade Parcial

No caso das deformações parcialmente elásticas ($\Delta l < \Delta L$) (a fase de restituição do sistema é sempre menor que a fase de deformação, sendo que o índice de restituição se encontra compreendido no intervalo aberto 0-1).

$$0 < a < 1$$

Neste sistema, obrigatoriamente não ocorre a conservação elástica.

Elasticidade Plástica

Na situação das deformações dos corpos cinelásticos, a fase de restituição não existe e consequentemente, o índice de restituição é nulo.

$$a = 0$$

Resumindo tem-se:

$$0 \leq a \leq 1$$

6. Presença da Elasticidade

Os fenômenos das deformações elásticas são extremamente abundantes na natureza. Por isso mesmo, para efeito de estudo, são classificados em cinco grandes classes. E são as seguintes:

a) Elasticidade de Madeiras
b) Elasticidade de Rezinas
c) Elasticidade de Gases
d) Elasticidade de Metais
e) Elasticidade Biológica

Elasticidade da Madeira

Não existe dúvida alguma que elasticidade da madeira tenha sido uma das primeiras a ser observada pelo homem. E a maior prova do que afirmo encontra-se em uma pintura em rocha, encontrada numa caverna norte-africana, cuja origem é do final da idade da Pedra Lascada. Nesta pintura podem ser observados arcos funcionando segundo os princípios da elasticidade; os quais pretendem este livro, trazer à luz.

A elasticidade da madeira é largamente observada nas deformações dos galhos de árvores.

Em minhas experiências tenho verificado que a elasticidade da madeira varia de árvore para árvore. Algumas são bastantes deformáveis outras ao contrário, sofrem poucas deformações.

Pude observar que as madeiras secas são pouco deformáveis e chegam mesmo a quebrar-se, antes mesmo de sofrer alguma deformação apreciável.

Encurvando-se uma vara, por intermédio de uma força imprimida em seus extremos, nota-se que depois de certo tempo ela não retorna a posição inicial. Ou seja, a madeira em estado verde ao ser flexionada, com o decorrer do tempo passa a adquirir uma deformação permanente, tomando a forma de uma curva de arco.

Nos fenômenos de deformações permanentes que resultam da madeira, tenho uma teoria bastante elementar para ser exprimida em poucas palavras, e é a seguinte:

Tendo em vista que a madeira com o decorrer do tempo se torna seca, fato pelo qual seus vasos condutores tornam-se rígidos.

Sendo assim, a madeira em estado verde ao ser submetido a uma deformação invariável por um longo prazo. Então, ela se torna seca e suas fibras enrijecem; de tal forma que ao ser liberada da ação da força que a deforma, não mais se restitui ao estado primitivo.

Desse modo é praticamente impossível provocar a deformação de um galho de madeira seca, como seria possível provocar a deformação da mesma madeira em estado verde; ou melhor, a madeira seca parte-se antes de sofrer a deformação que sofreria se estivesse no estado verde.

E o maior exemplo do que afirmo é facilmente verificado nas deformações dos galhos de um limoeiro ou mexeriqueiro.

Naturalmente essas não são os tipos ideais de árvores para se estudar as deformações elásticas da madeira, no entanto serve para os meus propósitos.

Elasticidade dos Gases

O famoso Conde de Verulam, o Chanceler Bacon, foi o primeiro homem a postular a elasticidade do ar. Posteriormente com novas descobertas verificou-se que todos os gases apresentam natureza elástica.

Atualmente, a elasticidade dos gases é explicada pela teoria cinética do gás. Naturalmente a elasticidade dos gases é diferente da elasticidade de corpos sólidos.

Toda e qualquer forma de elasticidade pode se manifestar através de aumentos ou diminuições nas dimensões de um corpo ou do recipiente que contém a porção de matéria em estudo, ou ainda, da própria matéria contida no recipiente, sem que as dimensões destes se alterem.

Afirma a teoria molecular da matéria que esta é formada por pequenas partículas denominadas por moléculas e por grandes espaços vazios entre tais partículas. A teoria diz ainda que as moléculas dos gases estão em constante movimento caótico.

Como essa hipótese dos espaços vazios é verdadeira; então é possível espremer o ar dentro de espaços menores, reduzindo os espaços vazios entre suas moléculas, isto é, comprimir o gás.

Ao ser comprimido os espaços livres entre as moléculas diminui de tal forma que elas se chocam uma contra a outra em seu movimento caótico. E isso provoca sua expansão, ou seja, provoca a sua restituição ao estado inicial.

É bem verdade que a teoria molecular atual ainda não está suficientemente avançada para permitir cálculos das propriedades elásticas de metais ou resinas a partir da propriedade das moléculas das referidas substâncias. E não será no início do presente livro que serei capaz de descobrir a causa exata dessas propriedades da elasticidade em metais ou resinas a partir dos fenômenos; e as hipóteses de qualquer origem que seja não ocupa lugar na ciência experimental. Somente com o progredir dos estudos da elasticidade é que poderei encontrar um ponto de apoio em minhas teorias.

Elasticidade Biológica

Na natureza todos os seres vivos são dotados de uma capacidade de se movimentar. E essa qualidade é um dos atributos característicos dos organismos vivos. Nada parece mais elementar do que andar, erguer um peso ou emitir um sorriso. Basta mover alguns músculos que esses e outros movimentos se realizam.

O desenvolvimento de contração muscular requer a ação combinada de muitos elementos celulares.

Em outro capítulo vou desenvolver matematicamente as deformações fisiológicas. Por enquanto basta saber que a elasticidade Biológica é aquela oriunda dos músculos.

7. Tipos de Deformações

De acordo com o modo pelo qual agem sobre o corpo, as forças imprimidas podem produzir vários efeitos.

Quando se aplica uma força num corpo elástico, ele pode sofrer um alongamento; ou seja, um aumento no seu comprimento. E pode também, sofrer uma diminuição no seu comprimento. Essas deformações são chamadas, respectivamente, de tração e compressão.

A tração e a compressão são as formas de comprimento que caracterizam a deformação linear.

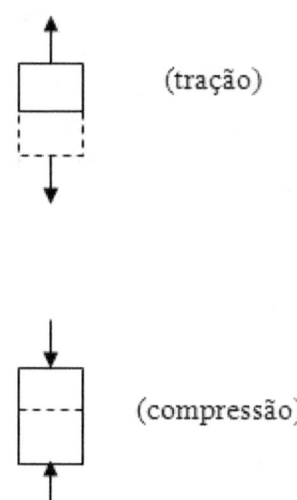

Os corpos elásticos podem ainda ser flexionados e torcidos, em relação ao seu eixo e muitas outras formas.

A flexão é caracterizada pela deformação angular e pela deformação em arco.

As deformações dos fluídos são volumétricas; ou seja, ao aplicar uma força num determinado volume de fluídos, estes sofrem uma variação em seu volume. Uma propriedade das deformações volumétricas em fluídos é que estes não podem sofrer trações, mas apenas compressão.

8. Classificação dos Corpos Elásticos

A classificação dos corpos elásticos deve ser realizada segundo dois critérios que considero fundamentais:

a - morfológico
b - funcional

O critério funcional tem por base a observação, ao microscópico, das deformações resultantes. Quando os referidos corpos elásticos apresentam deformações suas moléculas se distanciam uma da outra e nesse caso ocorre o aumento de volume e, portanto diminuição na densidade.

Desse modo o critério funcional é fundamentalmente caracterizado segundo a estrutura do referido corpo.

Já o critério morfológico, tem por base a observação, ao macroscópico, das deformações resultantes. Esse tipo de corpo elástico pode ser submetido a qualquer deformação que seu volume não sobre o mínimo aumento.

Por exemplo, se eu submeter uma mola de aço a uma deformação no interior de uma cuba com água; evidentemente o volume de água deslocada em função da deformação da referida mola é nulo.

Agora, se eu submeter uma barra de alumínio a uma deformação no interior de uma cuba com água haverá o deslocamento de certo volume de água; que corresponde ao volume que varia no corpo elástico.

Quando se trata de um corpo elástico sólido, como, por exemplo, uma barra de ferro, ele é chamado por "corpo elástico contínuo".

Quando se trata de um corpo elástico sólido como, por exemplo, uma mola de aço, ele é chamado por "corpo elástico descontínuo".

As minhas observações mostram que o corpo elástico contínuo, apresenta deformação relacionada exclusivamente com as moléculas que constituem o sólido.

9. Elasticidade: Aspectos Macros e Micros

Inicia-se o presente livro da parte da mecânica chamada Estática cm a introdução da elasticidade. Fundamentalmente, a Estática estuda as consequências das forças em repouso.

Em elasticidade, como em outras partes da Física, podem-se interpretar os fenômenos por intermédio de dois pontos de vista totalmente distintos, que sob muitos pontos se completam: o ponto de vista **macro** e **micro**.

O estudo do ponto de vista macro só se preocupa com aspectos globais do sistema: o volume assumido pelo sistema, a deformação sofrida, sua força e muitas outras propriedades que podem ser percebidas pelos sentidos. Porém, muitas vezes, para uma compreensão mais profunda do fenômeno observado; adota-se o "ponto de vista micro", onde são consideradas as grandezas indiretamente medidas não sugeridas pelos sentidos.

Nos fenômenos elásticos, considera-se do ponto de vista micro, "as massas pontuais do átomo dispostos entre as denominadas molas estruturais". De acordo com este modelo, a força cinética é transformada no corpo elástico, em força potencial, que fiz armazenada no edifício atômico. Esta é a responsável pela restituição elástica, descontada a parcela gasta em aquecê-lo, etc. Entretanto, os resultados obtidos do ponto de vista micro devem ser compatíveis com o estado feito por meio de grandezas macro.

Os dois pontos de vistas se completam na elasticidade, fornecendo de um mesmo fenômeno uma compreensão mais profunda. Por exemplo, a noção de deformação a partir da ação da força - do ponto de vista macro - se aprofunda quando se considera inúmeras massas pontuais, capazes de armazenarem um deter-

minado limite de força potencial e compreende-se a deformação e restituição a partir desse armazenamento - ponto de vista micro.
Esse entrelaçamento de métodos é característica do estudo atual da Física.

10. Divisão da Elasticidade

Através dos conceitos macro e micro, procurei dividir a elasticidade em duas grandes partes: macroscópica e microscópica. No entanto, no presente livro os dois estudos serão, praticamente, realizados simultaneamente em vista de uma maior compreensão a respeito dos fenômenos observados.

A elasticidade analisada sob o ponto de vista macroscópico deve-se preocupar-se apenas com o estudo dos fenômenos da deformação, sem se interessar pela natureza da elasticidade. Por seu lado, o estudo da elasticidade sob o ponto de vista microscópico deve-se preocupar com a natureza fundamental da deformação. Além a elasticidade macroscópica e microscópica, está no âmbito do presente estudo a elasticidade fisiológica e esta se dedica ao estudo amplo dos nervos, músculos animais e os vegetais, sob o aspecto elástico, observando seu comportamento e suas deficiências.

11. Noção de Força Imprimida e Força Elástica

A força é uma grandeza física comumente mencionada nos comentários que se realizam sobre esforço muscular, forte, fraco, etc. Observe que ao utilizar os termos "forte" e "fraco", estou introduzindo uma noção subjetiva de força que é uma tendência natural de associar às sensações, o que nem sempre é muito científico. Dessa maneira, a força encontra-se associada à própria sensação de esforço muscular, pois para deformar ou comprimir é necessário exercer certo esforço muscular. É absolutamente necessário exercer força para puxar ou empurrar.

Desse modo pode-se considerar a deformação de um corpo como sendo a medida da força através das massas pontuais. Desta forma, supondo não ocorrer mudança de fase, quando o corpo elástico recebe a impressão de uma força, suas moléculas passam a distanciar-se: nesse caso a tração e a força aumentam. Ao diminuir a força, as moléculas do corpo através de uma atração mútua se aproximam: a tração diminui. Desse modo a tração aumenta ao aplicar uma força em um corpo perfeitamente elástico, através de um esforço muscular.

A transferência da força para causar a deformação pode ser explicada através da diferença entre as forças do sistema. Assim, se uma intensidade de força for aplicada em um corpo elástico, este devido à ação da força, sofre uma deformação, e este sistema somente entra em repouso quando a força elástica da deformação equilibra-se com a força que causa a deformação. Ou seja, quando um corpo elástico sofre deformações dentro do regime elástico, ao ser imprimida uma dada intensidade de força, aparece em sentido oposto uma força elástica, que tende a trazer o sistema à sua situação de repouso. Assim, ocorreu reação da ação da força transmitida, da mais intensa para menos intensa.

"A situação final de equilíbrio que traduz uma *igualdade de forças* do sistema, constitui o *equilíbrio elástico*. Assim, o sistema elástico, força em equilíbrio elástico possuem obrigatoriamente forças iguais".

A observação permite concluir que: "se dois corpos acoplados estão em equilíbrio elástico com um terceiro, eles estão em equilíbrio elástico entre si". Este fato eu denominei por: "princípio primordial da Elasticidade". Assim, se um corpo elástico (A) está em equilíbrio elástico com uma força (F) e outro corpo (B) também está em equilíbrio elástico como a força (F), então, os corpos elásticos (A) e (B) estão em equilíbrio entre si. Esquematicamente:

$$\left.\begin{array}{l} A \mid = \mid F \\ B \mid = \mid F \end{array}\right\} \quad A \mid = \mid B$$

Onde o símbolo $\mid = \mid$ representa o equilíbrio elástico.

As forças elásticas são forças exercidas pelas moléculas que se encontram em equilíbrio num ponto fixo.

De acordo com o princípio primordial da elasticidade, posso afirmar que a soma da intensidade da força elástica resultante com a intensidade de força imprimida é nula no equilíbrio elástico.

12. Teorema de Leandro

De um modo geral, quando um sistema de forças distintas é aplicado um sobre o outro, altera-se o estado de deformação elástica: ocorre uma ação e uma reação entre a força elástica e a força imprimida. O sistema entra em repouso e a força elástica se iguala à força imprimida.

Esse equilíbrio elástico sugere o denominado teorema de Leandro, assim enunciado:

"A variação de forças imprimidas num corpo elástico em equilíbrio dinâmico é transmitida integralmente para o sistema - força e deformação".

Desse modo, a deformação elástica é sempre o limite da força aplicada.

Suponha-se que na deformação (ΔL_1), a força varie de (ΔF_1) e como consequência, na deformação (ΔL_2) varie de (ΔF_2).

Dessa forma, pode-se afirmar que:

"Num mesmo sistema dentro do regime elástico, em equilíbrio, a força imprimida é igual a deformação, pois esta é o limite daquela".

Donde:

$$\Delta F = \Delta L$$

E se (ΔF) é o limite da (ΔL), pode-se escrever que:

$$\Delta F_1/\Delta F_2 = \Delta L_1/\Delta L_2$$

Ou,

$$\Delta F_1/\Delta L_1 = \Delta F_2/\Delta L_2$$

A conclusão que se pode tirar disso é a seguinte: "as deformações sofridas pelos corpos elásticos de mesmas características, são inversamente proporcionais às forças aplicadas no sistema elástico".

13. Leis do Sentido da Elasticidade.

Para determinar-se o sentido da força elástica, deve-se utilizar a lei do sentido da força elástica que é enunciada do seguinte modo:
"O sentido da força elástica é tal, que, por seus efeitos, ela se opõe à força que lhe deu origem".
Para se determinar o sentido da deformação elástica, utiliza-se a lei do sentido da deformação elástica que é enunciada da seguinte maneira:
"O sentido da deformação elástica é o mesmo sentido da força aplicada no corpo elástico".
Existe, ainda, maneira pela qual costumo apresentar a lei do sentido da força elástica, enunciada nos seguintes termos:
"O sentido da força elástica é tal, que, por seus efeitos, ela se opõe ao sentido da deformação que sofre".

14. Conservação da Força

Trata-se da força que pode ser armazenada em um corpo elástico, quando este sofre uma deformação.

Torna-se então um corpo elástico ideal, isto é um corpo de elasticidade perfeita, aplicando sobre ele lentamente, uma intensidade de força. Nessas condições, a força aplicada e a força elástica exercida pelo corpo elástico são em cada instante, de mesma intensidade, porém, em sentidos contrários. Assim, à medida que o corpo elástico vai sofrendo deformações, a intensidade da força vai aumentando; ou seja, a cada momento, é absolutamente necessária a aplicação de uma força de intensidade cada vez maior para deformar cada vez mais o corpo elástico.

Suponha-se então que, a extremidade onde a força estava sendo aplicada, seja afixada em um referencial em repouso. Nesse caso, mantendo-se a deformação em repouso, permanecerá nesse corpo elástico a força elástica integralmente armazenada sob a forma de deformação, que poderá ser levada de um ponto para outro e utilizada.

Essa força armazenada, enquanto não há restituição por parte do corpo elástico, mede exatamente a força que foi aplicada para deforma-lo. Portanto, para saber qual é a força armazenada num sistema elástico, basta conhecer qual foi a intensidade da força que deformou o corpo elástico.

É da conservação da força elástica em estado de restituição que se baseia os mecanismos de corda. Essa força oriunda dos corpos elásticos era empregada em larga em escala em diversos campos da tecnologia dos séculos passados. Essa maravilhosa força movia as chamadas caixa de música, acionava os mecanismos dos relógios de corda e alguns brinquedos. Somente a partir do início do século XX, passou a ser utilizada em lagar escala a fonte de energia elétrica.

No primeiro caso, geralmente se montava uma espiral plana cujo extremo localizado no centro era afixado em um referencial que apresenta apenas movimento de rotação, o que possibilita provocar a deformação dessa espiral plana. Ao ser liberta ela restitui-se ao seu estado primitivo o que possibilita o controle dessa restituição.

15. Principais Unidades da Elasticidade

A unidade que predomina fundamentalmente na teoria da elasticidade é a de "força" e a de "comprimento".

A unidade de intensidade de força é a "unidade fundamental dinâmica" do Sistema Internacional de Unidade (S.I.) e denomina-se Newton (símbolo N), em homenagem ao célebre cientista inglês.

Eventualmente usa-se um submúltiplo do Newton chama dina (abreviatura: d), quando o comprimento estiver em centímetros.

O seguinte quadro mostra a unidade de força e de comprimento no sistema MKS e no CGS:

Grandeza	MKS	CGS	Relações
Comprimento	m	Cm	1 metro = 10^2 centímetros
Força	N	D	1 Newton = 10^5 dinas

Naturalmente, existem outras unidades, mas as referidas são as mais práticas e as mais empregadas na elasticidade.

16. Distribuição de Forças - Densidades Elásticas

Um corpo qualquer será considerado em equilíbrio elástico, quando as forças elásticas estiverem todas elas em repouso em relação à ação da força imprimida, ou seja, quando não se verificar qualquer deformação no corpo elástico. Portanto, na situação de equilíbrio, as forças elásticas estão geralmente distribuídas pelo corpo (supondo-as não concentradas num único ponto do corpo elástico), sendo que essa distribuição pode ser feita em termos lineares, superficiais ou ainda volumétricas. Evidentemente, uma distribuição linear se faz através de uma linha (caso que se verifica, por exemplo, num corpo dinamoscópico linear, de área de secção transversal considerada desprezível); já uma distribuição superficial se verifica sobre uma superfície elástica qualquer (por exemplo, um balão de gás); finalmente uma distribuição volumétrica ocorre por todo um corpo maciço (por exemplo, em um cubo elástico).

Fixarei meu estudo fundamentalmente nas distribuições de forças elásticas. É evidente que a distribuição de força na superfície de um corpo não precisa necessariamente ser feita por igual, já que podem eventualmente existir regiões de preferência, onde a concentração das forças elásticas seja maior. Dessa forma, para definir a distribuição de forças na superfície de um corpo elástico, é necessário introduzir o conceito de densidade superficial de força elástica (σ), que nada mais é do que a intensidade de força por unidade de área.

Tomarei então uma pequena área (ΔS) (elemento de área), ao redor de um ponto "p" qualquer da superfície do corpo elástico. Suponha que nesse elemento de área (ΔS) existe uma força (ΔF) localizada.

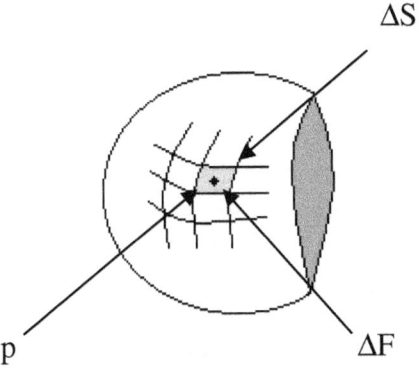

Dessa maneira, a densidade superficial de força elástica (σ), em (ΔS) será dada por:

$$\sigma = \Delta F/\Delta S$$

Quando a densidade superficial de força elástica é constante em todos os elementos de superfície, costumo afirmar que se trata de uma distribuição uniforme; podendo, então, com maior facilidade, obter o valor da referida densidade em qualquer elemento (σ ≡ constante), dividindo a força elástica total do corpo pela sua área total.

17. Unidades de Densidade Elástica

A densidade elástica é medida em unidades de força por unidades de área:

Densidade Elástica	
MKS	CGS
N/m²	d/cm²

18. Diversos Conceitos

Restituição em Geral

Os corpos são constituídos por átomos, que se encontram agregados de muitas formas diferentes. Ao considerar a matéria normal; ou seja, no estado natural, constataremos que a mesma encontra-se em um equilíbrio. Pois os átomos que constituem uma dada substância estão organizados de acordo com uma estrutura molecular, e neste caso estão sempre em equilíbrio devido a forças internas. E essas forças são aquelas responsáveis pela restituição elástica. Desse modo a deformação dos corpos é um processo utilizado para alterar o equilíbrio natural existente na matéria, criando assim o que denominei por corpos elastizados.

Corpo Elastizado

Grosso modo, afirmo que um corpo está elastizado, quando ocorre no mesmo a ação de forças internas se opondo a ação de uma força externa.

As forças internas são caracterizadas genericamente pelo que chamo de força elástica.

Princípio do Puxão e Empurrão

Os resultados obtidos a partir de experiências realizadas com corpos elásticos permitem compor o seguinte enunciado.

"Quando se provoca uma deformação por *tração* o corpo elástico *restitui*, manifestando um *puxão*. Quando se provoca uma deformação por *compressão*, o corpo elástico *restitui-se* ao seu estado natural, manifestando um empurrão".

CAPÍTULO II
Dinamismo Elástico

1. Introdução

O dinamismo é uma parte muito importante da mecânica Leandroniana, pois aprofunda a compreensão das causas do movimento.

A minha mecânica clássica é um dinamismo; ou seja, eu não reconheço na matéria senão forças, cuja ação combinada determina todas as outras propriedades da matéria. E nesse ponto, posso dizer que sou um peripatético; ou seja, em certos pontos sou eminentemente Aristotélico.

Nos capítulos procedentes houve apenas uma descrição matemática e teórica dos movimentos cinemática desprezando as causas que os produziam. Estudar-se-á agora o Dinamismo.

"O dinamismo é a parte da mecânica que estuda as forças, suas causa e seus efeitos".

Para um estudo inicial considera-se independente um aprofundamento das causas que provocam o aparecimento das forças. Elas serão estudadas principalmente pelos efeitos que produzem.

Desse modo o dinamismo estuda as forças, tanto as correlações entre deformações e movimentos - efeitos - quanto as relações existentes entre forças, movimento e deformação.

A primeira noção de força é estabelecida a partir dos efeitos que produzem.

E em Dinamismo a noção de força é o que fundamenta a sua compreensão. A ideia de força encontra-se associada ao esforço muscular. Puxar, empurrar significa fazer força. Quando um objeto é deformado ou deslocado de um ponto para outro é necessário a presença de uma força sobre o mesmo.

Quando um corpo encontra-se em repouso em relação à certo referencial, para movimenta-lo é necessário imprimir-lhe uma força. Por outro lado, se o corpo encontra-se em movimento, é preciso aplicar-lhe uma força para modificar o seu estado de velocidade. Observa-se também que, para alterar a direção de um corpo em um movimento qualquer, necessita-se igualmente imprimir uma força sobre esse corpo.

Para deformar um corpo também é necessário imprimir-lhe uma força. Pode-se verificar experimentalmente que a deformação ou o movimento de um corpo, bem como a aceleração ou o retardamento do seu movimento é causado pela ação de uma força.

2. Determinação das Forças

A força só fica perfeitamente determinada quando se considera todos os elementos que a caracteriza:

a - Intensidade
b - Direção
c - Sentido
d - Ponto de Aplicação

Portanto, força é uma grandeza vetorial, pois produz variação de velocidades, que também é vetorial. A variação de velocidade no tempo determina a aceleração; daí decorre que uma força aplicada em um ponto material provoca uma aceleração. E a força tem a mesma direção e sentido da aceleração que produz.

Em síntese, o conceito de força pode ser resumido e definido na seguinte concepção:

"Forças são grandezas vetoriais que produzem deformações, pressões e movimentos".

Assim, força é toda ação capaz de modificar o estado de movimento ou de repouso e ainda de produzir uma deformação num corpo.

Quanto à origem; as forças provêm das mais diferentes causas; além do esforço muscular, há também as forças de ação do vento, de atrito, de resistência, de atração entre cargas elétricas, etc.

3. Leis Gerais do Dinamismo

Em seus estudos, Galileu Galilei enunciou o princípio da independência dos efeitos das forças que afirma:

"Quando várias forças atuam simultaneamente a um mesmo ponto material, o efeito de cada uma é independente dos efeitos das outras".

Esta afirmação também é conhecida por princípio de Galileu, quer dizer que: se várias forças são aplicadas simultaneamente num mesmo corpo, ele sofre a ação de uma força fictícia ou resultante, que é soma das ações parciais, se cada uma das forças fosse aplicada separadamente.

Falando geometricamente, a resultante dessas forças é obtida somando-se vetorialmente as forças:

$$\vec{F}_1, \vec{F}_2, ... \vec{F}_n,$$

Ou seja:

$$\vec{F}_R = \vec{F}_1 + \vec{F}_2 + ... + \vec{F}_n$$

Resultante de Forças

Denomina-se resultante de um sistema de forças uma força que produz sozinha o mesmo efeito que todas as outras do conjunto produziriam ao mesmo tempo.

Resultante de Forças Colineares

Se todas as forças têm a mesma direção, somam-se as que têm o mesmo sentido, obtendo-se apenas duas forças de sentidos contrários cuja diferença será a resultante do conjunto.

Resultante de Forças Concorrentes

A resultante de forças concorrentes é determinada pelas regras do paralelogramo e do polígono e pelo método das componentes do paralelogramo, dos polígonos e pelo método das componentes.

1º Regra do Polígono:

Considere vários vetores, os quais se almejam somar pela regra equipolente. Por um ponto qualquer, tira-se um vetor equipolente a qualquer um dos vetores a serem somados. Em seguida, pela extremidade desse vetor, que se escolhe para primeiro, tirando outro, equipolente a qualquer outro do conjunto. Procedendo dessa maneira, com todos os vetores a serem somados. O segmento de reta orientada que fecha a poligonal, que começa na origem do primeiro e que termina na extremidade do último é a soma ou a resultante dos vetores dados.

Observe que qualquer vetor pode ser o primeiro e o último. O que importa é que não se deve deixar de somar nenhum deles. Caso a extremidade do vetor escolhido como último coincida com a origem do primeiro, a soma ou a resultante é nula.

$$\vec{R} = V_1 + V_2 + V_3 + V_4$$

Na referida expressão, lê-se: vetor (R) é a soma dos vetores (V_1, V_2, V_3, V_4).

2º Regra do Paralelogramo

Considere dois vetores, (a) e (b), cujas direções se encontram. Para se achar a resultante desses vetores pela regra do paralelogramo, tira-se por um ponto qualquer dois vetores equipolentes aos vetores dados.

Em seguida, pela extremidade de cada um, tira-se uma paralela ou outro. É quando se constroi um paralelogramo. A diagonal que passa pela origem comum é a resultante dos vetores dados.

Simbolicamente, escreve-se:

$$\vec{R} = \vec{a} + \vec{b}$$

Se existirem mais de dois vetores para somar, acha-se a resultante dos dois primeiros, depois a resultante da primeira resultante com o terceiro vetor e assim por diante.

3º Métodos das Componentes

Este processo consiste em se decompor ortogonalmente cada vetor em dois eixos cartesianos. Feita a decomposição, somam-se todas as componentes no eixo das abscissas, obtendo-se uma só componente nesse eixo, que vou chamar de (X), procede-se da mesma maneira com as componentes no eixo das ordenadas, obtendo-se uma só componente, que vou chamar de (Y).

Desse modo, substituindo todos os vetores por apenas dois, perpendiculares entre si, um de módulo (X) e o outro de módulo (Y). Pelo teorema de Carnot, os vetores ($\vec{X}$) e ($\vec{Y}$), são as componentes do vetor resultante ($\vec{R}$).

O teorema de Pitágoras fornece o módulo desse vetor, pois: ($R^2 = x^2 + y^2$).

E quando se deseja a direção da resultante, basta observar que:

$$TgA = y/x$$

4. Sistema de Unidades

Em geral o presente livro utiliza unidades cinemáticas como metro (m) e segundo (s) e unidades dinamísticas como quilograma (Kg) e Newton (N).

O conjunto dessas unidades constitui um sistema de unidade chamado MKS:

M - de metro
K - de quilograma
S - de segundo

Este sistema é designado pela sigla S.I., que significa "Sistema Internacional de Unidades".

Unidades Cinemáticas
Tempo: (s) – segundo
Comprimento: (m) – metro
Velocidade: (m/s) – metro por segundo
Aceleração: (m/s^2) – metro por segundo ao quadrado

Unidades Dinâmicas
Massa: (Kg) – quilograma
Força: (N) – Newton

Unidades de Força

As três unidades de força mais citadas e utilizadas são as seguintes:
Newton (N)
Quilograma força (Kgf)
Dina (d)

O quilograma-força é a força de atração que o planeta terra exerce num corpo de 1 quilograma de massa, num lugar onde a aceleração da gravidade é normal; isto é, 9,80665 m/s².
O Newton equivale a 1/9,8 Kgf ou 1 Kgf = 9,8 N.
O dina é a força equivalente a 10^{-5}N ou 1N = 10^5d.

5. Efeitos da Força

Convém salientar que o conceito emitido com referência à força, engloba vários efeitos distintos originando, por consequência, a divisão do Dinamismo para efeitos de estudo. Quando uma força atua sobre um corpo qualquer, pode provocar diversos efeitos, dependendo evidentemente da sua intensidade e da natureza do corpo que por ela está sendo aplicada. Eis alguns desses efeitos:

Efeito Estático

É aquele caracterizado pela ação das forças estáticas, como as deformações; originando a estática.

Efeito Dinamístico

É aquele caracterizado pela alteração do estado de repouso ou de movimento de um corpo, originando o dinamismo.

Efeito Térmico

Conhecido como efeito Joule, verifica-se pelo aquecimento de corpos que se chocam com uma força mais ou menos intensa.

Efeito Químico

Trata-se da destruição das moléculas, através de uma força de compressão.

Efeito Fisiológico

Ao ser imprimida uma força em um organismo vivo, este sofre um esmagamento, podendo resultar em morte ou aleijamento, naturalmente, dependendo da parte do corpo onde é aplicada.

Dependendo da característica da ação da força, ela pode agir diretamente no sistema nervoso, provocando contrações musculares; quando isto ocorre, diz-se que houve um choque mecânico. O pior caso de choque é aquele que se origina quando uma força é impressa no crânio dos seres vivos. Nesse caso, a ação dessa força tem grande chance de provocar lesões cerebrais irreversíveis e até mesmo levar o indivíduo a morte.

CAPÍTULO III
Força de Rigidez

1. Introdução

Verifica-se experimentalmente que ao imprimir lentamente uma intensidade de força em um corpo dinamoscópico qualquer, é necessário que ela ultrapasse certo limite de intensidade para que se possa verificar qualquer deformação.

Essa força de rigidez é bastante funcional em metais, ao qual existe um limite de rigidez largamente observável.

Considere então, um corpo dinamoscópico afixado por uma de suas extremidades a um referencial inercial. Esse corpo é constituído por um determinado material dinamoscópico e apresenta um comprimento e uma área de secção transversal. Seja i a intensidade elástica do corpo dinamoscópico; nenhuma força externa atua sobre o corpo e o mesmo estará em equilíbrio.

Aplicando-se lentamente uma força na extremidade livre do corpo dinamoscópico; a princípio nenhuma deformação será verificada e o equilíbrio do referido corpo não será destruído enquanto a força imprimida não atingir certa intensidade. De acordo com as leis que regem o comportamento das forças, evidencia-se a existência de outra força diretamente oposta à força imprimida; a força que aparece impede a deformação do corpo dinamoscópico e representa a força de rigidez. No momento em que o corpo dinamoscópico começa a sofrer deformação, a força imprimida adquire o mesmo valor da força que se opõe à deformação; o valor limite máximo da força imprimida na menor deformação possível será representada por (f_{mx}) ou rigidez de equilíbrio. A força que se opõe a força imprimida representa então a rigidez estática. De acordo com a terceira Lei de Newton, a intensidade da força de reação é igual à intensidade da força de ação, ambas em módulos, pois, os sentidos de ambas se opõem.

Do mesmo modo, as experiências têm mostrado que quanto menor for a intensidade elástica do material dinamoscópico é muito mais difícil provocar sua deformação.

Em qualquer caso, quando se tenta tracionar ou comprimir qualquer corpo dinamoscópico, ocorre o aparecimento de uma força que se opõe à força imprimida e opõe-se à sua deformação. Essa força que impede a deformação é denominada por força de rigidez e tem sentido contrário ao da força que deforma ou tende a deformar o corpo dinamoscópico.

Desse modo, ao imprimir uma força em um corpo dinamoscópico qualquer é necessário que ela ultrapasse certo limite para que o referido corpo possa sofrer uma deformação mínima.

Dou, aqui, à rigidez a interpretação vulgar de dificuldade de deformação devido à resistência dinamoscópica do material que constitui o corpo dinamoscópico. Então, a força de rigidez dos materiais dinamoscópicos impede que o corpo sofra uma deformação.

As forças imprimidas em corpos dinamoscópicos, a uma determinada intensidade, sofre ação de força de rigidez do material dinamoscópico, o que impede sua deformação iniciar-se.

Vou aproveitar esta análise e estudar algumas características da força de rigidez, devido às deformações mínimas que o corpo dinamoscópico pode sofrer na menor intensidade de força imprimida.

2. Estudo de uma Força Particular: Rigidez

A força de rigidez é notada sempre que houver tendência de um corpo dinamoscópico apresentar-se indeformável a uma determinada intensidade de força mínima imprimida. O comportamento dessa força é estudado na maior parte das vezes, através de dados experimentais. As conclusões aqui estabelecidas são totalmente empíricas; isto é, são resultados de dados experimentais obtidos a partir das experiências realizadas.

Quando se tenta provocar uma deformação em um corpo dinamoscópico, nota-se que não é qualquer intensidade de força que é capaz de realizar tal façanha: existe certo valor mínimo que é necessário aplicar para que se inicie a deformação. Como por exemplo, a seguinte experiência:

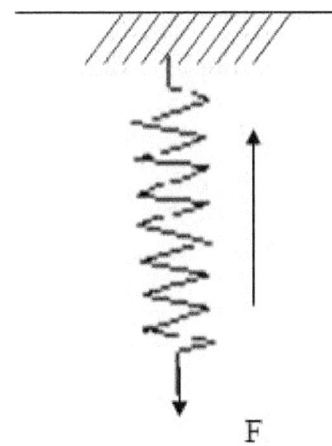

Se o corpo dinamoscópico não apresenta nenhuma deformação com uma determinada intensidade de força imprimida (F), é porque essa força foi anulada pela força de rigidez que se opõe a deformação.

Então, se a intensidade da força imprimida (F) for menor que a intensidade da força imprimida na primeira descrição, aí é que não se deformará, indicando que a força de rigidez também anulou esta força.

Em suma, enquanto o corpo dinamoscópico não apresenta uma deformação mínima, a força de rigidez é igual ou menor em módulo à força imprimida. O seguinte gráfico descreve esse fenômeno:

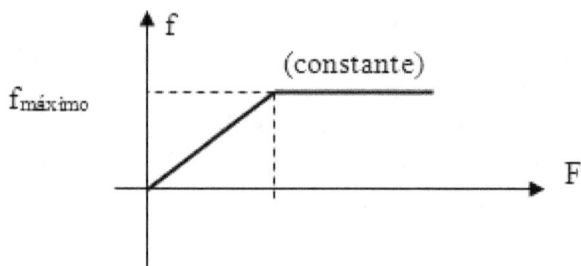

A experiência mostra que a força de rigidez só consegue igualar (ou anular) a força imprimida até certo valor, que é denominada por força de rigidez máxima, permanecendo constante a partir do instante em que atinge esse valor.

Deve-se lembrar de que a força de rigidez que influência num corpo dinamoscópico só é máxima se ele estiver em deformação ou na iminência de se deformar.

3. Propriedades

Passarei a apresentar agora, algumas propriedades da força de rigidez máxima:

a) A força de rigidez máxima depende do material dinamoscópico que constitui o corpo dinamoscópico.

b) A força de rigidez máxima depende das dimensões que os corpos dinamoscópicos apresentam; isto é, corpos dinamoscópicos constituídos pelos mesmos materiais; porém, quando apresentam dimensões distintas, também passam a apresentar rigidez diferente.

c) A força de rigidez máxima varia com a temperatura. Ou seja, ao aumentar a temperatura, a rigidez do material dinamoscópico diminui e quando a temperatura diminui a rigidez dos materiais dinamoscópicos aumentam. Por essa razão é mais fácil vergar uma barra de ferro a uma alta temperatura do que a uma baixa. Esse fenômeno é facilmente explicado, tendo em vista que numa alta temperatura as moléculas que constitui o corpo, afastam-se uma das outras e o material se dilata. Entre as moléculas ocorre então, a existência de espaços livres. E ao vergar o corpo as moléculas do cotovelo interno da vergação se aproximam uma da outra ocupando o espaço livre e as moléculas que formam a parte exterior do cotovelo se afastam deixando um maior espaço livre.

E a media que o corpo vai sendo envergado esse espaço entre as moléculas do cotovelo externo, vão se distanciando uma da outra, cada vez mais, de tal forma que num dado momento é possível verificar que o lado externo do cotovelo se abre e posteriormente com o prosseguimento da deformação essa abertura vai se aprofundando para o interior do cotovelo até que em um dado instante o corpo sofre uma divisão e as partes que foram envergadas se separam.

4. Coeficiente de Rigidez

Considere um corpo dinamoscópico qualquer. Ao imprimir lentamente uma força nesse corpo até chegar a um ponto em que começa a aparecer uma deformação. É quando a força imprimida no corpo dinamoscópico se iguala à maior força de rigidez.

Chama-se coeficiente de rigidez de um corpo dinamoscópico a razão entre a força de rigidez máxima que o corpo dinamoscópico exerce e a intensidade elástica que o corpo dinamoscópico apresenta.

Fazendo-se experiência com corpos dinamoscópicos de intensidades elásticas diferentes, o valor da força de rigidez máxima varia, comparando a força de rigidez máxima f_{mx}, com a intensidade elástica i do material dinamoscópico resulta um valor constante para o coeficiente de ambos.

Representando-se o coeficiente de rigidez pela letra (m_i) do alfabeto grego, µ, tem-se:

$$\mu = f_{mx}/i$$

Ou

$$f_{mx} = \mu \cdot i$$

A constante (µ) é o coeficiente de rigidez, invariável para o mesmo material dinamoscópico e para dimensões de corpos dinamoscópicos no mesmo estado. Mostra que a um aumento de intensidade elástica (i) corresponde proporcional aumento da força de rigidez (f_{mx}) e vice-versa. A última fórmula demonstra a proporcionalidade de força de rigidez máxima relativamente à intensidade elástica; a força de rigidez é aproximadamente constante qualquer que seja a deformação do corpo dinamoscópico. Durante o estado de deformação, a rigidez é cinemática e igualmente inferior à rigidez estática.

5. Segunda Lei do Coeficiente de Rigidez

Sabendo-se que a intensidade elástica de um corpo dinamoscópico é igual ao quociente da deformação resultante, inversa pela intensidade de força imprimida na deformação.

Simbolicamente, o referido enunciado é expresso pela seguinte relação:

$$i = \Delta L/\Delta F$$

E sabe-se que o coeficiente de rigidez é igual ao quociente da força de rigidez máxima, inversa pela intensidade elástica.

Simbolicamente, o referido enunciado é expresso pela seguinte razão:

Leandro Bertoldo
Elasticidade, Vol. V, Conceitos Gerais

$$\mu = f_{mx}/i$$

Substituindo convenientemente a lei da intensidade elástica na lei do coeficiente de rigidez, resulta que:

$$\mu = f_{mx}/i$$

E sabendo-se que:

$$i = \Delta L/\Delta F$$

Substituindo, isto implica que:

$$\mu = (f_{mx}/1) / (\Delta L/\Delta F)$$

Ou seja:

$$\mu = f_{mx} \cdot \Delta F/\Delta L$$

6. Terceira Lei do Coeficiente de Rigidez

Sabendo-se que a constante (K) do material dinamoscópico é igual ao quociente da força imprimida no processo de deformação e inversa pela deformação resultante.

Simbolicamente, o referido enunciado é expresso pela seguinte relação:

$$K = \Delta F/\Delta L$$

E sabendo-se que o coeficiente de rigidez é igual ao produto entre a força de rigidez máxima (f_{mx}) e a força imprimida na deformação do corpo dinamoscópico, inversa pela deformação resultante da ação dessa força imprimida.

O referido enunciado é expresso simbolicamente pela seguinte relação:

$$\mu = f_{mx} \cdot \Delta F/\Delta L$$

Substituindo convenientemente a lei que caracteriza a constante do material dinamoscópico na segunda lei do coeficiente de rigidez, resulta que:

$$\mu = f_{mx} \cdot \Delta F/\Delta L$$

E sabendo-se que:

$$K = \Delta F/\Delta L$$

Substituindo, isto implica que:

$$\mu = f_{mx} \cdot K$$

Logo posso concluir que o coeficiente de rigidez é igual à força de rigidez máxima em produto com a constante do material.

7. Unidades de Coeficiente de Rigidez

Proponho que no Sistema Internacional, as unidades de coeficiente de rigidez, seja as seguintes:

$$N^2/m; \; d^2/m; \; N^2/cm; \; d^2/cm; \; etc.$$

Para definir esta unidade, considere a expressão:

$$\mu = f_{mx} \cdot \Delta F/\Delta L$$

Portanto, a unidade de μ = N . N/m ou d . N/m ou d . d/cm etc.

Unidade de coeficiente de rigidez = unidade de força de rigidez X unidade de Força/unidade de comprimento

Coeficiente de Rigidez:

N . d/cm; d . N/m; d . d/cm; N . N/m.

Se os produtos entre as força apresentarem as mesmas unidades de N . N (Newton vezes Newton) ou d . d (dina vezes dina) e as deformações estiverem em m (metros) ou em cm (centímetros), o coeficiente de rigidez f_{mx} . $\Delta F/\Delta L$ será medido em N . N/m ou d . d/cm, respectivamente (Newton vezes Newton por metro) ou (dina vezes dina por centímetro) que se indica por N^2/m ou d^2/cm., Ou seja, (Newton ao quadrado por metro) ou (dina ao quadrado por centímetro).

De um modo geral, a unidade de coeficiente de rigidez é o quociente da unidade de força por unidade de comprimento.

8. Considerações Sobre o Coeficiente de Rigidez

A partir das propriedades deduzidas da experiência, demonstrei a existência de uma relação experimental entre a força de rigidez máxima e a intensidade elástica do corpo dinamoscópico.

Simbolicamente:

$$f_{mx} = \mu . i$$

Este número (μ) foi denominado por coeficiente de rigidez do corpo dinamoscópico e traduz a dependência do tipo de material: cada corpo dinamoscópico tem seu valor particular para o coeficiente de rigidez.

Em geral, na prática, após iniciada a deformação, a força de rigidez passa a compor parte integrante da força imprimida na deformação que resulta. Costumo, então, falar de um coeficiente de rigidez estático, que, multiplicado pela intensidade elástica do material, fornece a força de rigidez máxima que é absolutamente necessária vencer para iniciar o processo de deformação.

Portanto:

μ_e: **corresponde ao que chamo de coeficiente de rigidez estática** → $f_{mx} = \mu_e \cdot i$.

9. Leis da Rigidez Estática

Realizando as experiências necessárias para o conhecimento da rigidez estática, pode-se chegar às leis adiante enunciadas:

Primeira Lei

A força de rigidez estática somente aparece quando um corpo dinamoscópico é submetido à ação de uma força.

Segunda Lei

A rigidez é uma propriedade inerente aos corpos dinamoscópicos.

Terceira Lei

A rigidez estática apresenta sua origem antes do início da deformação.

Quarta Lei

O sentido da força de rigidez é sempre o aposto da força que tende a provocar a deformação do corpo dinamoscópico.

Quinta Lei

O valor da força de rigidez estática aumenta de zero até um máximo que é igual ao produto de uma constante, que denominei por coeficiente de rigidez estática, pela intensidade elástica que constitui o corpo dinamoscópico ($0 \leq f_{mx} \leq \mu \cdot i$).

10. Ponto de Ruptura

Ao aplicar uma dada intensidade de força em um corpo dinamoscópico, no sentido de traciona-lo ocorre, inicialmente, a modificação e seu comprimento; ou seja, sob a ação de uma força um corpo dinamoscópico sofre uma deformação que no caso é a tração. Todavia, quando a elevação da intensidade da força é muito grande, a tração ultrapassa os limites de elasticidade, e nesse caso esse corpo deixa de obedecer a lei da intensidade elástica.

E a medida que a intensidade de força vai aumentando, o corpo dinamoscópico continua deformando-se, mesmo fora dos limites da elasticidade, até atingir um determinado ponto. Nestas condições ocorre o que chamo por "ruptura do corpo dinamoscópico". Por esse motivo para um corpo dinamoscópico, além de sua intensidade elástica, deve-se indicar outra característica fundamental: "a máxima força que ele pode suportar". Naturalmente, a ruptura de qualquer corpo dinamoscópico, localiza-se em qualquer ponto do limite periclitante.

O limite periclitante é a força imprimida que separa o limite de deformação permanente e do ponto de ruptura.

A representação esquemática da ruptura de um corpo em um sistema dinamoscópico é dada pela seguinte figura:

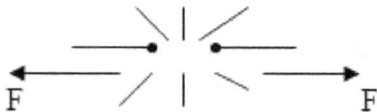

O valor da força (F) indicada no símbolo representa a intensidade da força acima da qual um corpo dinamoscópico rompe-se.

11. Primeira Lei da Ruptura

"A ruptura ocorre necessariamente a uma intensidade de força superior àquela que provoca a deformação permanente. Ou seja, a ruptura ocorre além do limite de deformações permanentes".

Assim, a ruptura encontra-se capacitada para ocorrer dentro dos limites periclitantes. Naturalmente, dependendo de condições naturais, tais como a temperatura, enferrujamento do material dinamoscópico, contanto prolongado com uma força e uma série de outros fatores capazes de provocar uma variação da ruptura fora dos limites periclitante.

12. Segunda Lei da Ruptura

"A ruptura tende obrigatoriamente a ocorrer no ponto de menor resistência do corpo dinamoscópico".

Desse modo, dentro do limite periclitante, a ruptura ocorre na parte de menor resistência no corpo dinamoscópico.

13. Terceira Lei da Ruptura

"Quando a secção reta do corpo dinamoscópico, que compreende o limite periclitante, é perfeitamente uniforme, a ruptura tende a ocorrer nas extremidades do corpo dinamoscópico, onde a força encontra-se aplicada".

Desse modo, uma corda de violão de secção reta e uniforme ao ser submetido à ação de uma intensidade de força acima dos limites que pode suportar, rompe-se nas extremidades onde ocorre uma maior tensão de Leandro.

14. Quarta Lei da Ruptura

"Numa determinada intensidade elástica de cada corpo dinamoscópico, a ruptura se processa à mesma intensidade de força (força de ruptura)".

Leandro Bertoldo
Elasticidade, Vol. V, Conceitos Gerais

CAPÍTULO IV
Geometria da Elasticidade

1. Introdução

No presente capítulo deste livro vou procurar fundamentar o estudo de um corpo dinamoscópico perfeitamente elástico de secção reta uniforme. Utilizando para isso o método que denominei por "análise geométrica dos corpos dinamoscópicos".

2. Semi-Corpos Dinamoscópicos

Considere um corpo dinamoscópico de secção reta uniforme submetida ou não a ação de uma força qualquer. Suponha-se que um ponto qualquer se encontra localizado em qualquer parte desse corpo. Então esse ponto divide geometricamente o corpo dinamoscópico em duas partes opostas, denominadas por semi-corpos dinamoscópicos.

Para designar esse semi-corpo dinamoscópico, vou marcar os pontos B e C distintos de A.

A
B ⎯/\/\/\/\/\⎯ C
Y   X

Representa-se:

A) Semi-corpo dinamoscópico: $\overline{AC} = X$

B) Semi-corpo dinamoscópico: $\overline{AB} = Y$

Desse modo os semi-corpo dinamoscópicos originam-se no ponto geométrico que considera afixado na parte que apresenta a divisão, portanto é um ponto inercial. Convém observar que o semi-corpo dinamoscópico tem uma origem e tem uma extremidade, esta última corresponde ao ponto onde a força é impressa.

O ponto geométrica do corpo dinamoscópico pertence, ao mesmo tempo, aos dois semi-corpos dinamoscópicos. E denomina-se, muitas vezes por origem dos semi-corpos dinamoscópicos.

As experiências têm mostrado que quando um corpo dinamoscópico de secção reta e uniforme é submetido à ação de uma intensidade de força. Ele passa a sofrer uma deformação; e quando um ponto divide geometricamente esse corpo em duas partes, tornando-se a origem dos semi-corpos dinamoscópicos. Também divide a deformação elástica resultante em duas partes, divide, também, o comprimento inicial em duas partes e considerando as forças elásticas resultantes em cada uma das partes; então, verificar-se-á que também são divididas em duas partes. Isto então implica que a intensidade elástica, também, é dividida em duas partes. Essas divisões resultantes ocorrem simultaneamente a partir do momento em que se divide o corpo dinamoscópico em duas partes.

3. Segmentos Dinamoscópicos

Considere, novamente, um corpo dinamoscópico de secção transversal reta uniforme submetida ou não à ação de uma intensidade de força.

Quando uma parte do corpo dinamoscópico é limitada por dois pontos geométricos, essa parte é denominada por segmento do corpo dinamoscópico. Os dois pontos são chamados por extremos do segmento do corpo dinamoscópico.

Observe a seguinte figura:

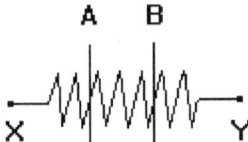

O intervalo compreendido entre os pontos geométricos (A e B) denomina-se por segmento do corpo dinamoscópico. Os pontos geométricos (A) e (B) são os extremos do seguimento ($\overline{AB}$), sendo um deles origem e o outro, a extremidade.

Geometricamente o segmento ($\overline{AB}$) é um subconjunto do corpo dinamoscópico (XY).

3.1 Tipos de Segmentos Dinamoscópicos

Os segmentos dinamoscópicos podem ser colineares e consecutivos.

a) Segmentos Dinamoscópicos Colineares

Os segmentos dinamoscópicos colineares são aqueles que pertencem a um mesmo dinamoscópico de secção transversal reta uniforme.

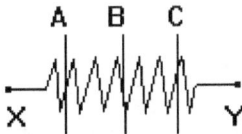

Os seguimentos dinamoscópicos (AB, BC e AC) são colineares, pois pertencem ao corpo dinamoscópico (XY).

b) Segmentos Dinamoscópicos Consecutivos

Os segmentos dinamoscópicos consecutivos são aqueles que apresentam uma extremidade em comum e mais nenhum ponto em comum.

c) Segmentos Dinamoscópicos Adjacentes

Os segmentos dinamoscópicos de um corpo são adjacentes quando se apresentam consecutivos e colineares, simultaneamente:

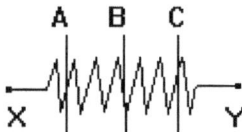

Os seguimentos dinamoscópicos (AB e BC) são consecutivos e colineares, portanto, isto implica que (AB e BC) são adjacentes.

3.2 Seguimentos Dinamoscópicos Congruentes

Considere dois seguimentos $\overline{AB}$ e $\overline{CD}$ de um corpo dinamoscópico qualquer:

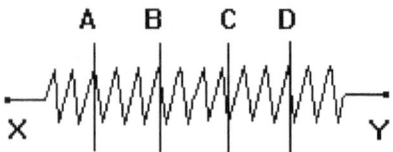

Diz-se que esses dois segmentos dinamoscópicos são congruentes, se e somente se, apresentarem a mesma medida.

Para indicar que os seguimentos dinamoscópicos são congruentes, escreve-se:

$$\overline{AB} \cong \overline{CD}$$

4. Propriedade dos Seguimentos Congruentes de um Corpo Dinamoscópico

É possível verificar experimentalmente que quando um corpo dinamoscópico é submetido à ação de uma intensidade de força, ele passa a sofrer uma deformação. E ao dividi-lo em segmentos congruentes, verificam-se as seguintes propriedades dinamoscópicas:

a) Quando o corpo dinamoscópico é dividido em segmentos congruentes, o comprimento do corpo dinamoscópico compreendido em cada um dos seguimentos são iguais; caso contrário não seria congruente.

b) As variações de deformações resultantes em cada um dos segmentos congruentes são absolutamente iguais.

c) Os comprimentos iniciais compreendidos entre os segmentos congruentes de um mesmo corpo dinamoscópico são absolutamente iguais; ou seja, também são congruentes.

d) Quando um corpo dinamoscópico perfeitamente elástico apresenta segmentos congruentes, então, ele apresenta deformações congruentes e comprimentos iniciais congruentes. Logo a intensidade de força imprimida no processamento da deformação do corpo dinamoscópico em cada um dos seguimentos é congruente.

e) Como as variações de deformação e as intensidades de forças são congruentes em cada um dos seguimentos que dividem o corpo dinamoscópico. Então, conclui-se que as intensidades elásticas nos seguimentos são iguais; pois esta é o resultado entre o quociente da deformação resultante no segmento pelo inverso da intensidade de força no referido segmento.

Analisados em parte experimentalmente e em parte teoricamente, os referidos dados permitem enunciar demonstrativamente os casos de congruência de seguimentos dinamoscópicos. Esses casos mostram que, para verificar se dois seguimentos dinamoscópicos são congruentes, basta simplesmente verificar a congruência de algumas das propriedades a pouco deduzidas.

Observe o seguinte teorema: "As variações de deformações resultantes em cada um dos seguimentos dinamoscópicos congruentes são iguais".

$$\overline{AB} = \overline{BC}$$

a₁) Na formulação da hipótese deve-se observar que os comprimentos totais dos seguimentos dinamoscópicos de um mesmo corpo são absolutamente iguais.

Dessa maneira: $\overline{AB} = \mathbf{L}$ e $\overline{BC} = \mathbf{L}$

b₁) No estabelecimento da tese afirma-se que as variações da deformação em cada um dos seguimentos são congruentes.

Ou seja: $\Delta \mathbf{L} \, \overline{AB} \cong \Delta \mathbf{L} \, \overline{BC}$

c_1) Experimentalmente verifica-se que os comprimentos iniciais dos seguimentos dinamoscópicos congruentes são absolutamente iguais.

Assim: $L_0 \overline{AB} = L_0 \overline{BC}$

d_1) É possível demonstrar, também, que as variações da intensidade de força em cada um dos seguimentos dinamoscópicos, são congruentes.

Desse modo: $\Delta F \overline{AB} \cong \Delta F \overline{BC}$

e_1) Estabelecidos os elementos fundamentais na dedução de teoremas experimentais, deve-se prosseguir com a demonstração do teorema.

Sabe-se pela definição de grandeza, que na deformação por tração o comprimento total de um corpo dinamoscópico é igual ao comprimento inicial do mesmo adicionado à variação de deformação que sofre ao ser submetido à ação de uma intensidade de força.

Simbolicamente é expresso por:

$$L = L_0 + \Delta L$$

Como cada um dos seguimentos dinamoscópicos de um corpo porta-se identicamente ao estado integral do referido corpo. Então, conclui-se que o comprimento total de cada um dos seguimentos dinamoscópicos é igual ao comprimento inicial desse seguimento somado com a variação de deformação que esse seguimento sofre.

O referido enunciado aplicado em todos os seguimentos dinamoscópicos de um corpo é expresso simbolicamente por:

a) $L_0 \overline{AB} + \Delta L \overline{AB} = L \overline{AB}$

b) $L_0 \overline{BC} + \Delta L \overline{BC} = L \overline{BC}$

Como ($L \overline{AB}$) e ($L \overline{BC}$) são absolutamente iguais, pois correspondem à própria definição de congruência de segmentos dinamoscópicos. Pois caso contrário os referidos segmentos não seriam congruentes. E correspondem à própria validade da hipótese.

Desse modo:

$$L \overline{AB} = L \overline{BC}$$

Portanto, conclui-se que:

$$L_0 \overline{AB} + \Delta L \overline{AB} = L_0 \overline{BC} + \Delta L \overline{BC}$$

Como se verificou experimentalmente que os comprimentos iniciais dos segmentos dinamoscópicos de um corpo são absolutamente iguais, então, conclui-se que: ($\Delta L \overline{AB} = \Delta L \overline{BC}$), já que experimentalmente observa-se que: ($L_0 \overline{AB} = L_0 \overline{BC}$). Então, se ($\Delta L \overline{AB}$ e $\Delta L \overline{BC}$) tem a mesma medida, eles são congruentes; ou seja, são iguais.

Desse modo, o postulado desse teorema encontra-se demonstrado e estabelecido: "as variações das deformações entre os seguimentos dinamoscópicos são congruentes".

Simbolicamente, é expresso por:

$$\Delta L \overline{AB} \cong \Delta L \overline{BC}$$

5. Propriedades Paralelíssimas de Segmentos Dinamoscópicos

Os seguimentos congruentes de um mesmo corpo dinamoscópico, comportam-se como uma associação em série.

Assim, quando um corpo dinamoscópico passa a ser dividido em segmentos congruentes, também passa a ser dividido em intensidade elástica iguais. Logo, nessa associação em série de seguimentos dinamoscópicos, a intensidade elástica i em cada um é expressa por:

$$i_1 = i_2 = i_3 = ... = i_{n-1} = i_n$$

Portanto:

$$i_T = \eta \cdot i$$

Ou seja, a intensidade elástica total de um corpo dinamoscópico constituído por inúmeros segmentos dinamoscópicos congruentes é igual ao produto entre o número de segmentos dinamoscópicos pela intensidade elástica de um dos segmentos.

Em se tratando da variação da deformação, verifica-se que a variação da deformação integral que resulta é igual à soma das deformações resultantes em cada um dos segmentos dinamoscópicos. Porém, como as variações das deformações que resultam em cada um dos seguimentos dinamoscópicos, são congruentes. Então a deformação total do corpo dinamoscópico, pode ser tomada como o produto entre o número de segmentos dinamoscópicos que o corpo pela variação da deformação de um dos segmentos.

Simbolicamente, é expresso por:

$$\Delta L_T = \eta \cdot \Delta L$$

Pois:

$$- \Delta L_1 = \Delta L_2 = \Delta L_3 = ... = \Delta L_{n-1} = \Delta L_n$$

Observa-se que o número de segmentos dinamoscópicos η é um fator comum tanto na lei que exprime a intensidade elástica resultante quanto na lei que exprime a variação da deformação total resultante no corpo dinamoscópico; ou seja, são absolutamente iguais.

Desse modo, o número de segmentos dinamoscópicos congruentes, presente em um corpo dinamoscópico é igual ao quociente da intensidade elástica total, inversa pela intensidade elástica característica do segmento dinamoscópico congruente.

Simbolicamente, o referido enunciado é expresso por:

$$\eta = i_T/i$$

Na outra lei, sabe-se que o número de segmentos dinamoscópicos congruentes em um corpo dinamoscópico é igual ao quociente da variação da deformação resultante, inversa pela deformação do segmento dinamoscópico congruente.

Simbolicamente, o referido enunciado é expresso por;

$$\eta = \Delta L_T/\Delta L$$

Como o número de segmentos dinamoscópicos são iguais; então, igualando convenientemente as duas últimas expressões, resulta que:

$$i_T/i = \Delta L_T/\Delta L$$

Ou seja, o quociente da intensidade elástica resultante no corpo dinamoscópico, inversa pela intensidade elástica do segmento dinamoscópico congruente é igual ao quociente da variação da deformação total resultante, inversa pela variação da deformação do segmento dinamoscópico congruente.

Sabe-se que a variação de força imprimida sobre um corpo dinamoscópico qualquer é igual ao quociente da variação da deformação, inversa pela intensidade elástica do referido corpo.

O referido enunciado é expresso simbolicamente pela seguinte relação:

$$\Delta F = \Delta L/i$$

A penúltima expressão permite escrever que:

$$\Delta L/i = \Delta L_T/i_T$$

Isto me permite concluir que a variação da força imprimida em um corpo dinamoscópico é igual ao quociente da variação da deformação do segmento dinamoscópico congruente inversa pela intensidade elástica do segmento dinamoscópico congruente e ainda igual ao quociente da variação da deformação resultante inversa pela intensidade elástica resultante no segmento dinamoscópico. Então, isto implica que as intensidades de força presentes, em qualquer um dos segmentos dinamoscópicos congruentes, são absolutamente iguais à intensidade de força integralmente imprimida no corpo dinamoscópico.

O quociente da variação da deformação do segmento dinamoscópico congruente, inversa pela intensidade elástica do referido seguimento somado com o quociente da variação da deformação resultante, inverso pela intensidade elástica resultante, é igual à soma da variação da intensidade de força que provoca as referidas deformações.

Simbolicamente, o referido enunciado é expresso por:

$$\Delta L/i + \Delta L_R/i_R = \Delta F + \Delta F$$

Como

$$\Delta F = \Delta F$$

$$\Delta L/i = \Delta L_R/i_R$$

Então, vem que:

$$i + i_R = \Delta l/\Delta F + \Delta L_R/\Delta F$$

Isto implica que:

$$\Delta L = \Delta L_R = (i + i_R) \cdot \Delta F$$

6. Semelhança Entre Segmentos e Corpos Dinamoscópicos

Dois ou mais seguimentos dinamoscópicos ou corpos dinamoscópicos são semelhantes quando submetidos à ação de uma força, passam a apresentar deformações proporcionais.

7. Casos de Semelhança

a) Dois corpos dinamoscópicos ou dois segmentos dinamoscópicos são semelhantes se possuem a mesma intensidade elástica:

$$i_A = i_B$$

Então, isto implica que a razão existente entre a força imprimida no primeiro corpo dinamoscópico e a força imprimida no segundo corpo dinamoscópico é igual à razão entre a deformação resultante no primeiro corpo dinamoscópico e a deformação resultante no segundo corpo dinamoscópico.

O referido enunciado é expresso simbolicamente pela seguinte relação:

$$\Delta F_A/\Delta F_B = \Delta L_A/\Delta L_B = K$$

Onde a constante (K), corresponde a grandeza denominada por razão de semelhança dinamoscópica.

b) Dois corpos dinamoscópicos qualquer ou dois segmentos dinamoscópicos qualquer são semelhantes se forem submetidos à ação da mesma intensidade de força.

Simbolicamente, o referido enunciado é expresso por:

$$\Delta F_A = \Delta F_B$$

Isto implica que a razão existente entre a intensidade elástica do primeiro corpo dinamoscópico e a intensidade elástica do segundo corpo dinamoscópico é igual à razão entre a variação da deformação que resulta no primeiro corpo dinamoscópico e a deformação resultante no segundo corpo.

Simbolicamente, o referido enunciado é expresso pela seguinte relação:

$$i_A/i_B = \Delta L_A/\Delta L_B = K$$

Que caracteriza uma razão de semelhança dinamoscópica.

c) Dois corpos dinamoscópicos qualquer ou dois segmentos dinamoscópicos qualquer são semelhantes se apresentarem as mesmas variações de deformações.

Então, posso escrever simbolicamente que:

$$\Delta L_A = \Delta L_B$$

Logo, isto implica que a razão existente entre a intensidade elástica do primeiro corpo dinamoscópico e a intensidade elástica do segundo corpo dinamoscópico é igual à razão entre a intensidade de força imprimida no primeiro corpo dinamoscópico e a força imprimida no segundo corpo dinamoscópico.

O referido enunciado é expresso simbolicamente pela seguinte relação:

$$i_A/i_B = \Delta F_A/\Delta F_B = K$$

Onde a grandeza constante (K) é a razão de semelhança dinamoscópica.

E nestes termos encontram-se expostos as principais características da semelhança de corpos dinamoscópicos isolados ou de seguimentos dinamoscópicos.

8. Teorema de Tales-Leandro

Tales de Mileto foi o primeiro dos sete sábios da antiguidade. Baseado em seus trabalhos pude deduzir uma série de leis que se seguirão no presente capítulo.

O conjunto de todos os corpos dinamoscópicos de secção reta uniforme de um plano paralelo entre si é denominado na elasticidade por feixe de corpos dinamoscópicos paralelos.

Considere duas barras rígidas fixadas em seus extremos por uma dobradiça de tal forma que essas barras se abrem formando um ângulo qualquer ou um triângulo como se queira.

Supondo-se que um feixe de corpos dinamoscópicos paralelos esteja com seus extremos ligados às barras rígidas. De acordo com o esquema indicado na seguinte figura:

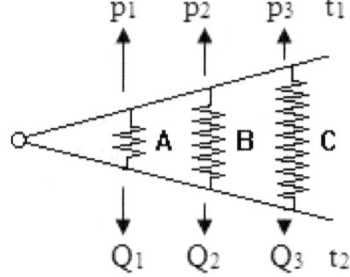

Leandro Bertoldo
Elasticidade, Vol. V, Conceitos Gerais

A hipótese desse teorema é que os corpos dinamoscópicos (A), (B) e (C) estejam alinhados paralelamente uns aos outros. E que as barras rígidas (t_1) e (t_2) estejam alinhadas transversalmente.

A tese de Tales é que o comprimento da barra rígida no intervalo que se estende de (p_1) a (p_2) inversa pelo intervalo da outra barra que se estende de (Q_1) e (Q_2) é igual ao quociente do intervalo da barra que se estende de (p_2) a (p_3) inversa pelo comprimento do intervalo (Q_2) a (Q_3) da outra barra, e ainda igual ao comprimento do intervalo que se estende de (p_1) a (p_3) da barra (t_1) e inversa pelo comprimento do intervalo que se estende de (Q_1 a Q_3) da barra (t_2).

Simbolicamente, o referido enunciado é expresso por:

Hipótese: A//B//C
t_1 e t_2 transversais.

Tese: $p_1\ p_2/Q_1\ Q_2 = p_2\ p_3/Q_2\ Q_3 = p_1\ p_3/Q_1\ Q_3$

Consequências:

a) Todo corpo dinamoscópico paralelo a um dado do triângulo e que encontra os outros lados, em pontos distintos, determina sobre esses lados segmentos proporcionais.

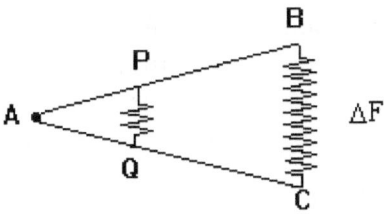

Hipótese: r// $\overline{BC}$
p ≠ Q
Tese: $\overline{AP}$ /PB = $\overline{AQ}$ /QC

b) Numa armação triangular qualquer, uma linha indeformável formando a bissetriz interna de qualquer um dos ângulos divide o lado oposto, na razão dos lados adjacentes ao ângulo.

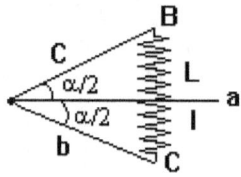

$$L/l = C/b$$

9. Tangente de um Ângulo Dinamoscópico

Considere a figura do seguinte sistema dinamoscópico:

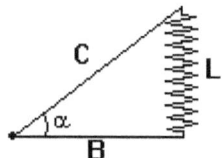

A tangente do ângulo do referido sistema dinamoscópico é igual ao quociente do comprimento do corpo dinamoscópico (L), inverso pelo comprimento da barra (B).

Simbolicamente, o referido enunciado é expresso pela seguinte relação:

$$Tg\alpha = L/B$$

Porém, em outros capítulos, demonstrei que:

$$L = L_0 \cdot (1 + \eta \cdot \Delta F/A)$$

Logo, substituindo convenientemente as duas últimas expressões, resulta que:

$$Tg\alpha = 1/B \cdot [L_0 \cdot (1 + \eta \cdot \Delta F/A)]$$

Isso me permite concluir que a tangente do angulo é igual ao comprimento inicial adicionado com o produto entre a variação da intensidade de força pelo valor da característica dinamoscópica e multiplicado novamente pelo comprimento inicial, inverso pela área da secção transversal do corpo dinamoscópico e tudo inverso pelo comprimento da barra.

10. Variação da Tangente de um Ângulo Dinamoscópico

Um corpo dinamoscópico preso em um triângulo apresenta um comprimento inicial; então, se torna evidente que existe um ângulo inicial, logo existe uma tangente inicial de tal ângulo.

Se tal corpo dinamoscópico for submetido a uma força, vai ocorrer uma variação em sua deformação, logo, uma variação de ângulo, portanto, uma variação da tangente.

Desse modo, posso afirmar que a variação da tangente de um ângulo é igual à relação entre a variação da deformação, inversa pelo comprimento da barra.

Simbolicamente, posso escrever que:

$$\Delta Tg\alpha = \Delta L/B$$

Pelo mesmo argumento posso afirmar que a tangente inicial de um ângulo inicial é igual ao comprimento inicial do corpo dinamoscópico, inverso pelo comprimento da barra.

O referido enunciado é expresso pela seguinte relação:

$$Tg_0\alpha_0 = L_0/B$$

A relação entre as duas últimas expressões implica na seguinte relação:

$$\Delta Tg\alpha / Tg_0\alpha_0 = (\Delta L/B) / (L_0/B)$$

Logo, conclui-se que:

$$\Delta Tg\alpha / Tg_0\alpha_0 = \Delta L \cdot B/B \cdot L_0$$

Eliminando os termos em evidência, resulta que:

$$\Delta Tg\alpha / tg_0\alpha_0 = \Delta L/L_0$$

11. Seno de um Ângulo Dinamoscópico

Considere novamente a seguinte figura:

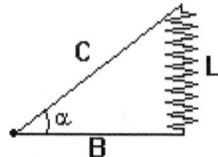

O sêno do ângulo no referido sistema dinamoscópico é igual ao quociente do comprimento do corpo dinamoscópico, inversa (L), inverso pelo comprimento da barra hipotenusitânica (C).

Simbolicamente, o referido enunciado é expresso pela seguinte relação:

$$\operatorname{sen}\alpha = L/C$$

Porém, demonstrei a seguinte igualdade:

$$L = L_0 \cdot (1 + \eta \cdot \Delta F/A)$$

Logo, posso escrever que:

$$\text{sen}\alpha \cdot C = L_0 \cdot (1 + \eta \cdot \Delta F/A)$$

12. Variação do Seno de um Ângulo Dinamoscópico

Os mesmos argumentos que permitiram concluir a existência de uma tangente variável permite concluir a existência de um seno variável.

Logo, posso afirmar que a variação do seno de um ângulo é igual ao quociente da variação de um corpo dinamoscópico, inverso pelo comprimento da barra da hipotenusa.

O referido enunciado é expresso pela seguinte relação:

$$\Delta \text{sen}\alpha = \Delta L/C$$

Mas, afirmei que:

$$\Delta L = 1 + \eta \cdot \Delta F/A$$

Logo posso escrever que:

$$\Delta \text{sen}\alpha \cdot C = 1 + \eta \cdot \Delta F/A$$

Também, posso afirmar que existe a seguinte relação:

$$\text{sen}_0 \cdot \alpha_0 = L_0/C$$

Sabe-se que:

$$L = L_0 \cdot (1 + \eta \cdot \Delta F/A)$$

Então, posso escrever o seguinte:

$$L = sen_0 . \alpha_0 . C . (1 + \eta . \Delta F/A)$$

13. Cosseno de um Ângulo

Considere o seguinte sistema dinamoscópico:

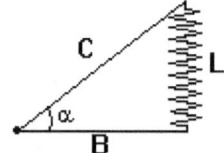

Chama-se cosseno do ângulo a relação entre o comprimento da barra (B) pelo comprimento da barra da hipotenusa (C).

Simbolicamente, o referido enunciado é expresso pela seguinte relação:

$$\cos\alpha = B/C$$

CAPÍTULO V
Fisiolasticidade

1. Introdução

Todos os organismos vivos apresentam a capacidade de se movimentar. Nada parece mais simples do que andar, erguer um peso ou dar um sorriso. Basta mover algumas músculos que esses e tantos outros movimentos se realizam.

O processo de contração muscular requer a ação combinada de muitos alimentos celulares. No entanto, vou procurar estudar apenas do ponto de vista dinamoscópico.

2. Contração Isotônica

Quando o músculo pode contrair-se livremente, ocorrem variações sensíveis no comprimento e no diâmetro do músculo, porém, não ocorrem variações em seu volume (considera-se a variação praticamente nula). Ao se contrair, o músculo diminui seu comprimento e aumenta sua espessura, sem mudança interna de tensão. Tem-se, neste caso, uma "contração isotônica".

3. Contração Isométrica

Quando as duas extremidades são mantidas fixas, o músculo não pode modificar seu comprimento durante a fase de contração e, portanto, não se observam variações em suas dimensões. Entretanto, internamente, existe uma variação de tensão. Tem-se agora a denominada "contração isométrica"; ou seja, em que as medidas das grandezas musculares permanecem constantes.

4. Distensão e Contração dos Músculos Isotônicos

Ao submeter o músculo isotônico a uma intensidade de força, o mesmo aumenta de comprimento e diminui a área de sua secção transversal.

Quando a força deixar de atuar sobre o músculo, o mesmo restitui-se ao seu estado natural.

Dessa maneira, quando um músculo aumenta de comprimento e fica mais fino, diz-se que ocorreu uma distensão, quando um músculo diminui de comprimento e fica mais grosso, diz-se que ocorreu uma contração.

5. Analogia Elástica Com Muscular

Portanto, com uma analogia aos fenômenos elásticos, pode-se afirmar que em nosso corpo os músculos funcionam como os elásticos e, portanto, podem ser considerados como tais, pois apresentam a propriedade de se contraírem e de se descontraírem.

A intensidade elástica dos músculos varia de indivíduo para indivíduo. No presente capítulo estarei considerando sempre o estudo do músculo isotônico, a menos que eu diga o contrário.

6. Equação Isotônica

Considerando um músculo hipotético cilíndrico e isotônico, posso afirmar que o volume do mesmo será expresso por:

$$V = \pi \cdot r^2 \cdot h$$

Onde (V) caracteriza o volume; (π) representa o pi; (r) representa o raio da secção transversal e (h) o comprimento.

Como no caso isotônico o volume não varia; então, para dois estados distintos de deformação, posso afirmar que:

$$V_1 = V_2$$

Ou seja:

$$\pi \cdot r^2_1 \cdot h_1 = \pi \cdot r^2_2 \cdot h_2$$

Eliminando os termos em evidência, vem que:

$$r^2_1 \cdot h_1 = r^2_2 \cdot h_2$$

Desse modo, posso concluir que o raio e o comprimento de um corpo dinamoscópico isotônico são inversamente proporcionais. Por inversamente proporcional, o leitor deve entender que, se o raio da secção transversal aumentar, então o comprimento decrescerá na mesma proporção e vice-versa.

A relação acima é denominada por Lei de Leandro, sendo aplicada em qualquer corpo dinamoscópico isotônico.

7. Intensidade Elástica Isotônica

Dentro dos conceitos e definições estabelecidas no presente capítulo, posso afirmar que a intensidade elástica longitudinal de um corpo dinamoscópico isotônico é igual ao quociente do comprimento (h) do mesmo, inverso pela força aplicada.

Simbolicamente, posso escrever que:

$$i_l = \Delta h / \Delta F$$

No mesmo tempo em que ocorre a deformação longitudinal, ocorre, também, uma deformação de contração transversal, então, posso definir uma intensidade elástica transversal que é igual ao quociente do raio da secção transversal, inversa pela intensidade de força.

Simbolicamente, o referido enunciado é expresso por:

$$i_t = \Delta r / \Delta F$$

Como em ambos os casos a intensidade de força aplicada é a mesma, posso escrever que:

$$\Delta F = \Delta h / i_l = \Delta r / i_t$$

Com relação a última expressão, posso escrever que:

$$\Delta h / \Delta r = i_l / i_t$$

8. Equação Isotônica e Intensidade Elástica Longitudinal

Demonstrei que:

$$r^2_1 \cdot h_1 = r^2_2 \cdot h_2$$

Também, afirmei que:

$$\Delta h = i_l \cdot \Delta F$$

Naturalmente, por simetria, posso escrever que:

$$\Delta r^2_1 \cdot \Delta h_1 = \Delta r^2_2 \cdot \Delta h_2$$

Então, posso concluir que:

$$\Delta r^2_1 \cdot i_l \cdot \Delta F_1 = \Delta r^2_2 \cdot i_l \cdot \Delta F_2$$

Eliminando os termos em vidência, resulta que:

$$\Delta r^2{}_1 \cdot \Delta F_1 = \Delta r^2{}_2 \cdot \Delta F_2$$

9. Equações Energéticas

Demonstrei que a energia dinamoscópica armazenada em um corpo é igual à metade do valor da intensidade elástica em produto com o quadrado da intensidade de força.

O referido enunciado é expresso simbolicamente pela seguinte expressão matemática:

$$E = \tfrac{1}{2} \cdot i \cdot \Delta F^2$$

Sabendo que:

$$i_l = \Delta h / \Delta F$$

Também, posso escrever que:

$$i^2{}_l = \Delta h^2 \cdot \Delta F^2$$

Portanto:

$$\Delta F^2 = \Delta h^2 / i^2{}_l$$

Assim, resulta que:

$$E = \tfrac{1}{2} \cdot i_l \cdot \Delta h^2 / i^2{}_l$$

Eliminando os termos em evidência, vem que:

$$E = \tfrac{1}{2} \cdot \Delta h^2 / i_l$$

10. Volume e Intensidade de Força

O volume de um corpo dinamoscópico isotônico dentro das condições estabelecidas é expresso por:

$$\Delta V = \pi \cdot \Delta r^2 \cdot \Delta h$$

Demonstrei que:

$$\Delta h = i_l \cdot \Delta F$$

Então, substituindo convenientemente as duas últimas expressões, vem que:

$$\Delta V = \pi \cdot i_l \cdot \Delta F \cdot \Delta r^2$$

11. Deformação Superficial Geral

Considere uma lona elástica que apresenta uma largura (L) e um comprimento (X_0); suponha que numa das arestas, seja submetida ação de uma intensidade de força (F) que provoca um alongamento no comprimento para (ΔX). Conforme o esquematizado na seguinte figura:

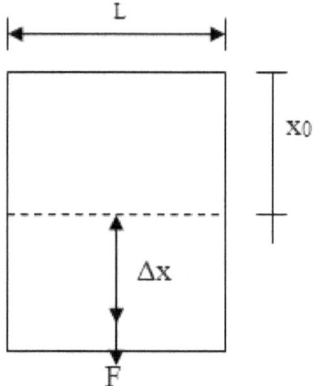

Defino uma grandeza que chamo por tensão elástica, como sendo igual ao quociente da intensidade da força (F), inversa pelo valor da largura.
Simbolicamente, o referido enunciado é expresso pela seguinte relação:

$$y = F/L$$

12. Deformação

Defino a grandeza que chamo por deformação, como sendo igual ao quociente da variação do alongamento (Δx), inversa pelo alongamento inicial (x_0).
Simbolicamente, posso escrever que:

$$E = \Delta x/x_0$$

13. Equação Geral Superficial

A equação geral que caracteriza uma deformação superficial é a equação superficial de Leandro que afirma que a tensão elástica (y) é diretamente proporcional (K) a deformação (E).
Simbolicamente, o referido enunciado é expresso por:

$$y = K \cdot E$$

Onde a letra (K) representa uma constante de proporcionalidade que costumo chamar por módulo superficial de Leandro.
Substituindo convenientemente as três últimas expressões Leandroniana, vem que:

$$F/L = K \cdot \Delta x/x_0$$

Assim, posso afirmar que a intensidade de força é expressa por:

$$F = K \cdot L \cdot \Delta x / x_0$$

Tal expressão permite estabelecer que:

$$F = K \cdot L \cdot (x/x_0 - 1)$$

14. Energia

A energia elástica é igual à metade da intensidade de força em produto com o alongamento (Δx).

Simbolicamente, o referido enunciado é expresso por:

$$W = F \cdot \Delta x / 2$$

Porém, afirmei que:

$$F = y \cdot L$$

Substituindo convenientemente as duas últimas expressões, vem que:

$$W = y \cdot L \cdot \Delta x / 2$$

Entretanto, é muito conveniente mostrar que a área de uma superfície elástica em tais condições é expressa por:

$$\Delta S = L \cdot \Delta x$$

Substituindo convenientemente as duas últimas equações, vem que:

$$W = y \cdot \Delta S/2$$

Também, posso escrever que a energia é expressa por:

$$W = K \cdot L \cdot \Delta x/2 \cdot [(x/x_0) - 1)]$$

Como:

$$\Delta S = L \cdot \Delta x$$

Posso escrever que:

$$W = K \cdot \Delta S/2 \cdot [(x/x_0) - 1)]$$

CAPÍTULO VI
Campo Elástico

1. Introdução

Considere um corpo dinamoscópico sob a ação de uma intensidade de força (ΔF) e fixo pro suas extremidades, conforme o esquematizado na seguinte figura:

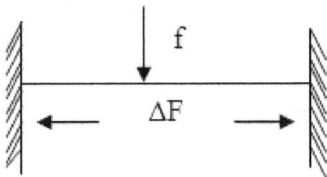

Observa-se experimentalmente que ao se aplicar perpendicularmente outra intensidade de força (f) sobre o corpo dinamoscópico, este apresenta uma elasticidade maior no centro do que nas extremidades. Aproveitando a observação de tal fenômeno, passo a definir o conceito leandroniano de campo elástico, que apresenta um valor mínimo no centro e um valor máximo nos extremos.

2. Centro Elástico

Um campo elástico apresenta sua medida a partir da extremidade e decresce em direção ao centro.
Por tal motivo, defino o centro elástico como sendo igual ao comprimento (L) total do corpo dinamoscópico, dividido por dois.

Simbolicamente, o referido enunciado é expresso pela seguinte relação:

$$R = L/2$$

Sabe-se que:

$$L = L_0 + \Delta L$$

Substituindo convenientemente as duas últimas expressões, vem que:

$$R = (L_0 + \Delta L)/2$$

3. Equação de Leandro

Defino campo elástico (D) como sendo igual ao quociente da variação da intensidade de força (ΔF), fixo por seus extremos, inverso pelo comprimento do raio (R), medido a partir da extremidade em direção ao centro elástico.

O referido enunciado leandroniano é expresso simbolicamente pela seguinte relação:

$$D = \Delta F/R$$

Isto significa que quanto maior for a intensidade de força que mantém um corpo dinamoscópico tenso, tanto maior será a intensidade do campo elástico, num ponto e quanto maior for o comprimento do raio (R) que esse ponto se encontra em relação à extremidade, tanto menor será a intensidade do campo elástico.

Em capítulos anteriores, demonstrei que a variação da intensidade de força (ΔF) é igual à relação matemática existente entre a variação de deformação (ΔL), e a intensidade elástica (i).

Simbolicamente, posso escrever que:

$$\Delta F = \Delta L/i$$

Substituindo convenientemente as duas últimas expressões, vem que:

$$D = \Delta L/i \cdot R$$

4. Campo Elástico Central

O campo elástico central, nada mais é do que o valor do campo elástico no centro elástico; desse modo, afirmo que o campo elástico centro é igual ao quociente da variação de força, inversa pelo comprimento total do centro elástico.

Simbolicamente, escrevo que:

$$D = \Delta F/R$$

Como

$$R = L/2$$

Vem que:

$$D = (\Delta F/1) / (L/2)$$

Logo, resulta que:

$$D = 2\Delta F/L$$

Ou

$$D = 2\Delta L/i \cdot L$$

5. Campo Elástico Central Numa Película Circular

Uma membrana elástica circular sob a ação de forças por todo seu contorno apresenta um campo elástico central igual ao quociente da intensidade de força aplicada na deformação circular da membrana, multiplicada pela constante numérica "dois", inversa pelo comprimento circular do circulo da membrana.

Simbolicamente, o referido enunciado é expresso pela seguinte equação leandroniana:

$$D = 2\Delta F/C$$

Entretanto é interessante observar que o comprimento do círculo é expresso simbolicamente por:

$$C = 2\pi \cdot R$$

Substituindo convenientemente as duas últimas expressões, vem que:

$$D = 2\Delta F/2\pi \cdot R$$

Eliminando os termos em evidência, resulta que:

$$D = \Delta F/\pi \cdot R$$

O valor de (R) deve ser efetuado a partir da extremidade em direção ao centro.

Sabendo-se que:

$$\Delta F = \Delta C/i$$

Posso concluir que:

$$D = \Delta C / i \cdot \pi \cdot R$$

É evidente que:

$$\Delta C = 2\pi \cdot \Delta R$$

Substituindo convenientemente as duas últimas expressões, vem que:

$$D = 2\pi \cdot \Delta R / i \cdot \pi \cdot R$$

Eliminando os termos em evidência, vem que:

$$D = 2\Delta R / i \cdot R$$

Como:

$$\Delta R = R - R_0$$

Posso escrever que:

$$D = (2/i) \cdot [(R - R_0)/R]$$

Logo, resulta que:

$$D = (2/i) \cdot [(1 - (R_0/R)]$$

6. Campo Elástico Central de um Solenoide

Um solenoide é constituído por uma mola que apresenta fio enrolado em hélice, cujas espiras iguais têm seus planos sensivelmente paralelos.

Defino campo elástico central de um solenoide com sendo igual ao número de espiras (N) em produto com a variação da intensidade de força (ΔF), inverso pelo comprimento do solenoide.

Simbolicamente, o referido enunciado é expresso por:

$$D = N \cdot \Delta F/L$$

Demonstrei que:

$$\Delta F = \Delta L/i$$

Substituindo covenientemente as duas últimas expressões, vem que:

$$D = N \cdot \Delta L/i \cdot L$$

Sabe-se que:

$$\Delta L = L - L_0$$

Substituindo convenientemente as duas últimas expressões, vem que:

$$D = (N/i) \cdot [(L - L_0)/L]$$

Logo, posso escrever que:

$$D = (N/i) \cdot [(1 - L_0)/L]$$

7. Lei Fundamental de Leandro

As equações estabelecidas nos parágrafos (4, 5 e 6), podem ser deduzidas a partir de uma equação mais geral que chamo por lei fundamental de Leandro. Trata-se de uma equação diferencial que não vem ao caso nesta discussão que procuro apresentar da força mais simples possível.

8. Tenacidade Elástica

Defino a tenacidade elástica de um coro dinamoscópico como sendo igual ao produto existente entre a intensidade de força e pelo comprimento total assumido pelo corpo dinamoscópico.

Simbolicamente, o referido enunciado é expresso pela seguinte equação leandroniana:

$$\psi = \Delta F \cdot L$$

Como:

$$L = L_0 + \Delta L$$

Posso concluir que:

$$\psi = \Delta F \cdot (L_0 + \Delta L)$$

Naturalmente, posso escrever que:

$$\psi = \Delta F \cdot L_0 + \Delta F \cdot \Delta L$$

Sabe-se que a energia potencial elástica é expressa pela seguinte equação:

$$W = \Delta F \cdot \Delta L / 2$$

Logo, posso escrever que:

$$2W = \Delta F \cdot \Delta L$$

Portanto, posso concluir que:

$$\psi = 2W + \Delta F \cdot L_0$$

Também, demonstrei que:

$$\Delta F = \Delta L / i$$

Substituindo convenientemente as duas últimas expressões, vem que:

$$\psi = 2W + (\Delta L \cdot L_0)/i$$

CAPÍTULO VII
Barolástica

1. Introdução

Barolástica é a definição dada ao ramo da elasticidade que se dedica ao estudo da pressão e as deformações que aparecem em resultado da pressão.

2. Conceito de Pressão

A física clássica define o conceito de pressão como sendo igual ao quociente da variação de força impressa sobre determinada superfície, inversa pela área pressionada.
Simbolicamente, o referido enunciado é expresso por:

$$p = \Delta F / A$$

3. Conceito de Força Elástica

Afirmei que a variação da intensidade de força imprimida sobre um corpo dinamoscópico é igual ao produto existente entre a intensidade elástica pela variação da deformação.
O referido enunciado é expresso simbolicamente por:

$$\Delta F = i \cdot \Delta L$$

4. Equação Básica

Substituindo convenientemente as duas últimas expressões, posso escrever que:

$$p = i \cdot \Delta L/A$$

Desse modo, posso afirmar que a pressão é igual à intensidade elástica multiplicada pela relação existente entre a variação da deformação sofrida pelo corpo dinamoscópico e a área pressionada.

5. Equação Fundamental

Em capítulos anteriores, demonstrei que:

$$i = \eta \cdot L_0/A$$

Portanto, substituindo convenientemente as duas últimas expressões vêm que:

$$p = \eta \cdot L_0 \cdot \Delta L/A^2$$

Também, posso estabelecer a seguinte verdade:
Sabendo que:

a) $p/i = \Delta L/A$

b) $i = \eta \cdot L_0/A$

Substituindo convenientemente as duas últimas expressões, vem que:

$$p/i = (i \cdot \Delta L/A) / (\eta \cdot L_0/A)$$

Sendo o produto dos meios igual ao produto dos extremos, pode-se concluir que:

$$p/i = A \cdot i \cdot \Delta L/A \cdot \eta \cdot L_0$$

Eliminando os termos em evidência, vem que:

$$p/i = i \cdot \Delta L/\eta \cdot L_0$$

Portanto, posso concluir que:

$$p = (1/\eta) \cdot (\Delta L \cdot i^2/L_0)$$

Ocorre que afirmei:

$$\Delta F = i \cdot \Delta L$$

Substituindo convenientemente as duas últimas expressões, vem que:

$$p = (1/\eta) \cdot (\Delta F \cdot i/L_0)$$

Assim, batizo a Barolástica, apresentando a equação fundamental ao mundo.

CAPÍTULO VIII
Reostatos Dinamoscópicos

1. Introdução

Conforme foi estudado nos itens anteriores, os corpos dinamoscópicos comuns de fio e de mola de aço enrolada em espiral longitudinal, denominados "corpos dinamoscópicos fixos" se caracterizam por apresentarem uma intensidade elástica fixa, ou seja, uma relação constante entre a deformação e a força que depende da maneira como são constituídos.

Entretanto, em determinadas aplicações práticas, tem-se a necessidade de variar a intensidade elástica oferecida a uma intensidade de força com a finalidade de modificar os efeitos manifestados num sistema dinamoscópico, ou alterar seu comportamento em função de suas condições de funcionamento.

Para este caso, é possível idealizar corpos dinamoscópicos cuja intensidade elástica pode ser ajustada por meio de uma ação externa, por meio de um parafuso, alavanca ou ainda um eixo ao qual se prende um bastão. Esses corpos dinamoscópicos, cuja intensidade elástica de ser modificada extremamente é denominada por reostatos dinamoscópicos. Portanto, os reostatos são corpos dinamoscópicos de intensidade elástica variáveis. Assim, genericamente, denominam-se reostatos, os corpos dinamoscópicos, cujas intensidades elásticas variáveis, podem ser ajustadas. Basicamente são constituídos por dois tipos distintos; e são os seguintes:

a) reostatos dinamoscópicos de intensidade elástica variável contínua;

b) reostatos dinamoscópicos de intensidade elástica variável descontínua.

O reostato dinamoscópico de intensidade elástica variável contínua baseia-se no fato de que a intensidade elástica de um corpo dinamoscópico ser diretamente proporcional ao seu comprimento inicial. O reostato dinamoscópico nessas condições consta de uma mola helicoidal (AB), de tal forma que se pode colocar no sistema o corpo dinamoscópico todo ou apenas uma parte dele. Na figura que se segue apresento o esquema de um reostato dinamoscópico:

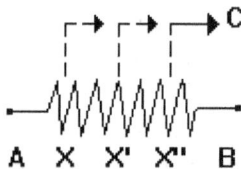

Nesse caso, um dos extremos do reostato dinamoscópico é marcado pela letra (A), e o outro extremo onde se encontra preso ao cursor que pode correr, é indicado pela letra (C). Como a intensidade elástica oferecida por este componente depende da distância, pelo elemento de intensidade, que a força tem de imprimir de (A até B), a intensidade elástica apresentada pelo componente da posição do cursor.

Pois, para que essa operação seja realizada, o reostato dinamoscópico apresenta um cursor móvel. Liga-se então o sistema à extremidade fixa (A) do corpo dinamoscópico e ao cursor (X). A intensidade de força imprimida nessas condições deformará sempre a partir (AX) do reostato dinamoscópico.

Se mudar o cursor para uma posição (X), "de tal forma que AX" seja maior que a deformação (AX), então está introduzindo no sistema uma intensidade elástica maior, por outro lado mudando-se o cursor para uma posição (X) tal que (AX) seja menor que (AX'), a intensidade elástica, introduzida no sistema será então menor. Observa-se que, quando o cursor (C) encontra-se em (B), a intensidade elástica do reostato dinamoscópico participa do sistema. Quando o cursor (C) encontra-se em (A), a intensidade elástica do reostato dinamoscópico não participa do sistema dinamoscópico; em outras palavras, está fora do corpo dinamoscópico.

Quando o cursor estiver mais afastado do extremo (A) a intensidade elástica é maior. A intensidade elástica será máxima no extremo oposto ao terminal (A) e mínima quando o cursor estiver encostado no extremo (A).

A principal desvantagem de um reostato dinamoscópico conforme o que foi descrito é que, em cada posição do cursor (C), não se sabe exatamente o valor da intensidade elástica resultante.

As seguintes figuras indicadas mostram os fundamentos de um reostato dinamoscópico que tenho empregado em minhas experiências de laboratório. Esse reostato é denominado por reostato de cursor. É constituído por um corpo dinamoscópico que pode ser um fio elástico ou uma mola helicoidal enrolada em um suporte que serve como eixo. Uma de suas extremidades encontra-se afixada num referencial inercial. O cursor C móvel apresenta uma gana que prende o corpo dinamoscópico em qualquer intervalo, além de ser móvel. Na cabeça do cursor imprime-se a força no sentido de seu deslocamento, o que permite deformar o corpo dinamoscópico. Somente dessa maneira, a intensidade elástica pode assumir grande número de valores intermediários entre zero e o valor total da intensidade elástica do fio ou da mola.

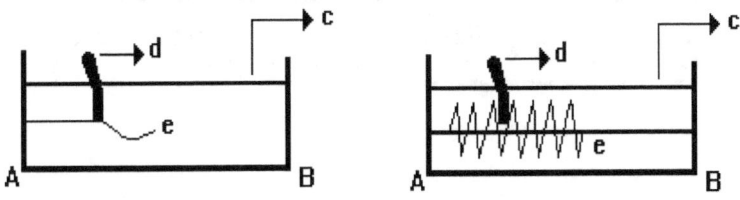

Na referida figura, tem-se um reostato dinamoscópico típico. Neste caso, uma das extremidades do corpo dinamoscópico é afixado e na figura está indicada pela letra (A) e o outro extremo do reostato dinamoscópico encontra-se preso ao cursor que pode correr pelo corpo dinamoscópico e, e está indicado pela letra (C). Na figura a gana está indicada pela letra (d). Como a intensidade elástica resultante desse componente depende da distância, pelo elemento de elasticidade, que a força tem de imprimir de (A até B), a intensidade apresentada pelo componente da posição do cursor.

2. Reostato Dinamoscópico de Pontos

Outro tipo de reostato dinamoscópico é aquele que denominei por "reostato dinamoscópico de pontos". Esse reostato apresenta intensidade elástica variável descontínua. A principal diferença entre este reostato e o cursor é que neste pode-se ter apenas alguns valores para a intensidade elástica. Portanto é constituído por vários corpos dinamoscópicos ligados em série e mais um.

A figura que se segue indica o esquema de um reostato dinamoscópico de pontos:

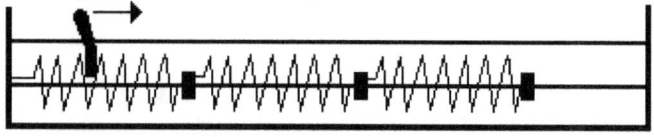

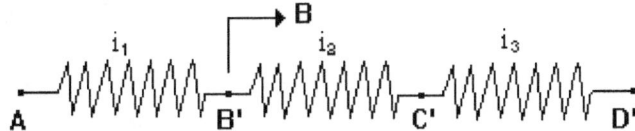

Esse reostato liga-se a uma extremidade do sistema ao ponto (A) e (B) outro do ponto (B) fica livre. Ao colocar a haste na posição (B'), a intensidade de força imprimida deformará somente o corpo dinamoscópico de intensidade elástica igual a (i_1); ligando-se agora a haste no ponto (C'), a intensidade de força imprimida nessa haste, deformará os corpos dinamoscópicos de intensidade elástica (i_1) e (i_2) que estão associados em série. Se ligar a haste no ponto (D'), a intensidade de força imprimida deformará os três corpos dinamoscópicos de intensidade elástica igual a (i_1), (i_2) e (i_3), que estão também em série. A principal vantagem desse reostato é que em cada posição tem-se o conhecimento da intensidade elástica entre os extremos.

Alguns reostatos dinamoscópicos, em lugar de dois terminais externos apresentam três terminais, sendo que dois são submetidos à ação de uma força que provoca a deformação do reostato e o terceiro extremo constitui o cursor móvel. Observe o esquema indicado na seguinte figura:

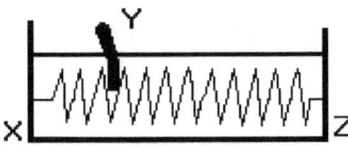

A intensidade elástica encontra-se entre os terminais (X) e (Y) será sempre a mesma, qualquer que seja a posição do cursor, a intensidade elástica determinará o valor indicado do reostato de tal natureza. Entretanto, a intensidade elástica que pode ser encontrada entre um dos terminais e o cursor será função da posição do referido cursor.

Assim, quando o cursor corre para a direita, a intensidade elástica entre o cursor e (X) aumenta ao mesmo tempo em que a intensidade elástica entre o cursor e (Y) diminui. Naturalmente que, a soma das duas intensidades elástica, entre (X) e (Z) e entre (Z) e (Y), mantem-se constante, sendo igual à intensidade elástica indicada.

O que acabo de afirmar pode ser facilmente visualizado pelos seguintes esquemas:

$$i_{XZ} = 0$$
$$i_{ZY} = \text{máximo}$$

$$i_{XZ} = \text{máximo}$$
$$i_{ZY} = 0$$

Do mesmo modo que os primeiros reostatos dinamoscópicos aqui estudados, encontra-se reostato desse tipo em especial de diversos tipos de construção: com o cursor correndo em linha reta sobre um elemento de intensidade elástica, ou ainda girando preso a um eixo.

3. Reostato Dinamoscópico de Leandro

Na tentativa de melhorar os níveis de precisão de trabalhos de laboratório de Física, o primeiro passo deve ser a melhora das precisões de medida. Para tanto, a escolha do instrumento de medida a se empregar deve ter toda a retenção do pesquisador. Então dediquei certo esforço na idealização do denominado reostato dinamoscópico de Leandro, que surge como um bom medidor, pois permite leitura de décimos de Leandro e de centésimos de Leandro, também eventualmente, a avaliação de milésimos de Leandro pode e deve ser feita, mas apenas para indicar uma existência de fração, ou seja, não merecendo confiança absoluta.

Considere um fio de aço mais ou menos grosso enrolado em forma de uma espiral longitudinal, constituindo uma mola. A principal característica dessa mola é que ela apresenta uma espira regular, cujos vértices consecutivos devem ser todos equidistantes. A distância entre dois vértice é o que denominei por passo da mola de aço em espiral longitudinal. Fazendo-se girar a mola dentro de uma respectiva porca, o extremo do corpo dinamoscópico avança um passo em cada volta completa. Ao tornear a espira da mola, escolhem-se valores quaisquer que se almeje para o comprimento inicial do corpo dinamoscópico o que permite controlar a intensidade elástica; pois se sabe pela segunda lei de Leandro que esta é diretamente proporcional ao comprimento inicial do corpo dinamoscópico. Nesse caso o extremo da mola desloca-se um determinado comprimento em cada rotação da porca.

Observe o esquema de um reostato dinamoscópico de Leandro:

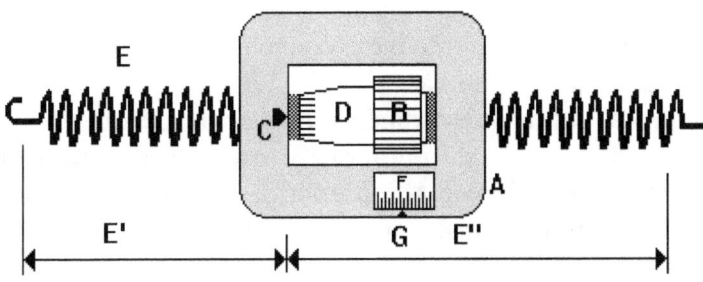

A - Corpo
B - Tambor-porca
C - Indicador da graduação circular
D - Graduação circular
E - Mola de aço espiralada longitudinalmente
F - Graduação linear
G - Indicador da graduação linear
E' - Extremidade ativa
E" - Extremidade neutra

      O centro do reostato dinamoscópico de Leandro apresenta um tambor ou porca de rosca (B) com um cilindro dividido em (M) partes absolutamente iguais, e assim torna-se possível obter frações do passo da mola de aço. Pois sendo (N) as divisões do limbo graduado, a uma divisão corresponde então a uma fração do dito passo. É essencialmente composto de duas escalas cujas leituras se complementam: a escala linear fornece as medidas de intensidade elástica em micro-leandro e os meios micro-leandro; a escala cilíndrica é o vernier do reostato dinamoscópico de Leandro indica as frações de 0,00 a 0,50 $\mu\varepsilon$, pois pode ser graduada de 0,01 $\mu\varepsilon$, abrangendo as frações que superam um valor inteiro de micro leandros ou as que ultrapassam algum meio-micro leandro já lido na escala linear.

      A escala cilíndrica é dividida em 100 partes iguais. Ela é ajustada na mola de arrolamento em espiral longitudinal, ao deslocar-se também desloca a escala linear, graduada em micro leandro, através de uma engrenagem convenientemente adaptada, essa escala que gira é de fita.

      Para verificar exatamente a intensidade elástica, deve-se ajustar o zero da escala cilíndrica e o da escala linear antes de observar a intensidade elástica emitida ou restituída. Quando os zeros coincidirem o instrumento está perfeitamente pronto para ser utilizado.

      Leitura: No reostato dinamoscópico de Leandro, a leitura deve ser feita em duas etapas:

a) Toda a parte visível da escala linear (micro leandros e meio micro leandros). O traço da escala cilíndrica e da linear que correspondem ou coincidem aos respectivos indicadores de graduação. Então, as leituras das duas etapas devem, então, simplesmente ser somadas.

No entanto, caso não ocorra a coincidência de traço da escala cilíndrica com o traço da escala longitudinal, deve-se então avaliar a terceira casa decimal (milésimos de micro leandros), como já foi referido há poucos instantes.

Observa-se que girando o tambor-porca em um determinado sentido a mola de aço afasta-se, girando-o no sentido contrário, a mola de aço aproxima-se, ou seja, aumenta de comprimento.

O reostato dinamoscópico de Leandro compõe-se de um suporte A que chamei de corpo, o que apresenta um corpo retangular no seu centro que comporta perfeitamente uma porca que se mantém fixa nesse centro; ao torna-la ela desloca uma mola de enrolamento em espiral introduzida dentro da respectiva porca. Basicamente essa é a descrição de um típico reostato dinamoscópico de Leandro.

Normalmente, nas especificações dos reostatos dinamoscópicos de Leandro, costuma-se a classifica-lo com um reostato linear. Esta se refere à maneira pela qual a intensidade elástica entre os terminais do reostato dinamoscópico de Leandro varia com o movimento do tambor-porca, que na realidade corresponde ao próprio cursor dos reostatos dinamoscópicos convencionais.

O reostato dinamoscópico de Leandro se diz linear quando a intensidade elástica varia na mesma proporção que ocorre o deslocamento do tambor-porca; ou seja, em função direta de seu deslocamento sobre o elemento de intensidade elástica.

Um gráfico para um reostato dinamoscópico de Leandro linear está indicado na seguinte figura:

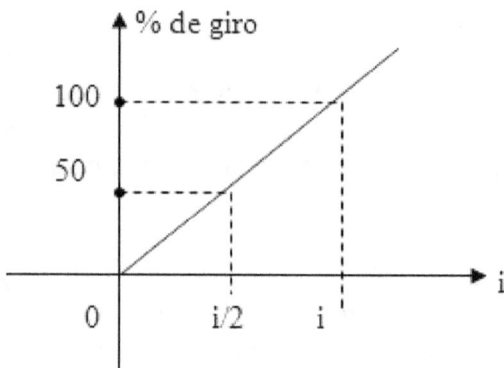

Os reostatos dinamoscópicos lineares são usados em aplicações que a intensidade elástica (i) resultante deva ser mantida em proporção direta com o movimento de ajuste.

Após essa pequena introdução referente ao reostato dinamoscópico de Leandro, passarei a estabelecer a principal lei sobre as quais se fundamenta seus aspectos quantitativos.

4. Lei de Leandro

Considere um reostato dinamoscópico de Leandro isolado de qualquer sistema dinamoscópico, ou seja, não se encontra submetido sob a ação de nenhuma intensidade de força, e nem tão pouco esteja ligado a outro corpo dinamoscópico. Então, verifica-se experimentalmente que ao rosquear o tambor do reostato dinamoscópico de Leandro, a mola de aço de enrolamento em espiral longitudinal, desloca-se em seu comprimento inicial, avançando ou recuando, naturalmente o sentido desse deslocamento depende do sentido do deslocamento do tambor.

Quando o tambor completa uma volta (η_1), o comprimento inicial da mola deslocar-se-á o que provocará uma determinada variação de seu comprimento inicial (ΔL_{01}).

Dessa maneira, o tambor ao completar uma nova volta (η_2), verificar-se-á que o novo comprimento inicial resultante (ΔL_{02}) é diferente de (ΔL_{01}).

Assim, ao efetuar medidas referentes ao número de volta realizado pelo tambor e os respectivos comprimentos iniciais que resultam, verificar-se-á que, se o ciclo (η_2) do tambor for o dobro do ciclo (η_1) anterior, ($\eta_2 = 2\eta_1$), resulta que o comprimento inicial do corpo dinamoscópico (ΔL_{02}) será, naturalmente, o dobro do comprimento inicial (ΔL_{01}) anterior ($\Delta L_{02} = 2\Delta L_{01}$).

Repetindo-se sucessivamente a experiência descrita, com um ciclo triplicado ($\eta_3 = 3\eta_1$), notar-se-á que o comprimento inicial do corpo dinamoscópico do reostato dinamoscópico de Leandro, também será triplicada ($\Delta L_{03} = 3\Delta L_{01}$); quadruplicando o ciclo ($\eta_4 = 4\eta_1$), ocorre que o comprimento inicial do corpo dinamoscópico também será quadruplicado ($\Delta L_{04} = 4\Delta L_{01}$); e levando adiante esse processo até o enésimo ciclo ($\eta_n = n \cdot \eta_1$), ocorrerá a enésima variação do comprimento inicial do corpo dinamoscópico ($\Delta L_{0m} = n \cdot \Delta L_{01}$); desde que a mola não seja totalmente rosqueada e saía fora do tambor.

Desse modo, conclui-se que em um reostato dinamoscópico de Leandro, o corpo dinamoscópico sofre variação de comprimento inicial igual quando resulta de mesmo número de ciclos do tambor. Nessas condições, a proporcionalidade registrada entre as variações de comprimento inicial e o número de ciclos provocados no tambor é uma constante. Costuma-se também afirmar, de outra maneira, que as variações de comprimento iniciais de um corpo dinamoscópico do reostato de Leandro são diretamente proporcionais aos números de ciclos provocados no tambor.

Durante o primeiro intervalo da variação do comprimento inicial do corpo dinamoscópico esta passou de (ΔL_0) para (ΔL_{01}), ou melhor, variou de ($\Delta L_0 = L_1 - L_0$); e o ciclo passou de (η_0) para (η_1), isto é, variou de ($\Delta \eta = \eta - \eta_0$). Por analogia pode-se seguir tal procedimento com relação às demais variações de comprimento inicial (ΔL_{02}, ΔL_{03}..., ΔL_{0n-1}, ΔL_{0n}), resultantes pro consequência dos números de ciclos emitidos ao tambor do reostato dinamoscópico de Leandro.

Dessa maneira, de acordo com a definição, obtém-se:

$$\Delta L_{01}/\Delta \eta_1 = \Delta L_{02}/\Delta \eta_2 = ... = \Delta L_{0n}/\Delta \eta_n = K \equiv \text{constante}$$

Na verdade, a proporção indica que a variação do comprimento inicial em qualquer intervalo do ciclo do tambor é constante.

Dessa forma, considerando um reostato dinamoscópico de Leandro, analisando o intervalo da variação do comprimento inicial e o número de ciclos emitidos ao tambor verifica-se, então, que (L_0 e $L_0 + \Delta L_0$) corresponde aos comprimentos iniciais instantâneos oriundos do processamento dos ciclos ($\cdot$) e ($\eta + \Delta \eta$), respectivamente. Define-se a constante (r) do reostato dinamoscópico de Leandro (r) no intervalo que compreende o comprimento inicial (ΔL_0), pelo quociente:

$$r = \Delta L_0/\Delta \eta$$

A referida relação é enunciada nos seguintes termos:
"Em um reostato dinamoscópico de Leandro, o comprimento inicial de seu corpo dinamoscópico é diretamente proporcional ao número de ciclos do tambor".

A dita lei de Leandro tem validade para todos os modelos de reostatos dinamoscópicos de Leandro. O valor da constante de proporcionalidade r é uma característica do reostato dinamoscópico de Leandro, é denominado por constante do reostato dinamoscópico de Leandro.

5. Unidades da Constante do Reostato Dinamoscópico de Leandro

A unidade da constante do reostato dinamoscópico de Leandro é igual ao quociente da unidade de comprimento inversa pelo ciclo ou como se queira: rotação.

Unidade do reostato dinamoscópico de Leandro = unidade de comprimento/ciclo ou rotação

Nos reostatos dinamoscópicos de Leandro as unidades mais utilizadas e, portanto, as mais práticas para o instrumento é o milímetro e o centímetro.
Portanto, a unidade da constante do reostato dinamoscópico de Leandro é o milímetro por ciclo mm/c e o centímetro por ciclo cm/c.

6. Primeira Equação do Reostato Dinamoscópico de Leandro

Sabe-se que a variação do comprimento inicial do corpo dinamoscópico de um reostato de Leandro é igual ao comprimento inicial primitivo pela diferença do comprimento inicial do referido corpo dinamoscópico rosqueado numa certa posição.
Simbolicamente é expresso por:

$$\Delta L_0 = L_{00} - L$$

Portanto conclui-se que o comprimento inicial do corpo dinamoscópico do reostato de Leandro em qualquer posição deve ser igual à soma do comprimento inicial primitivo com a variação do comprimento inicial que o reostato de Leandro submete o corpo dinamoscópico.

Simbolicamente é expresso por:

$$L_0 = L_{00} + \Delta L_0$$

Onde (ΔL_0) é uma variação do comprimento inicial do corpo dinamoscópico no reostato de Leandro, esta variação de comprimento inicial é proporcional ao número de ciclos provocados no tambor do referido reostato.
Simbolicamente, é expresso por:

$$\Delta L_0 = r \cdot \Delta \eta$$

Substituindo convenientemente as referidas expressões, resulta que:

$$L_0 = L_{00} + r \cdot \Delta \eta$$

Esta é a equação do comprimento inicial do corpo dinamoscópico de um reostato de Leandro. Ela possibilita determinar, a cada ciclo do tambor (η), o comprimento total assumido pelo corpo dinamoscópico do referido reostato.

7. Representação Gráfica do Comprimento Inicial do Corpo Dinamoscópico de um Reostato de Leandro - Curva Característica

A dependência de (L_0) em função de (η) é claramente linear, o que sugere uma reta, cujas principais características são as seguintes:

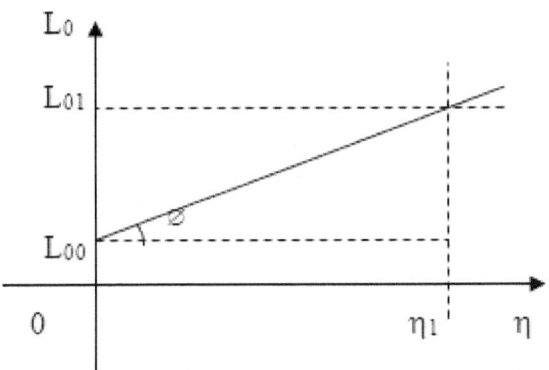

a) $Tg\phi \equiv N \equiv (L_{01} - L_{00})/\eta_1$
b) $Tg\phi \equiv N \equiv r$

8. Lei de Leandro

A presente lei é uma das mais importantes sobre a qual se fundamenta o reostato dinamoscópico de Leandro.

A referida lei se fundamenta no princípio da similaridade, que procurarei esclarecer melhor com o decorrer da evolução do presente livro. Esse princípio aplicado nessa lei é expresso nos seguintes termos:

"Se a variação do comprimento inicial de um corpo dinamoscópico no reostato de Leandro é diretamente proporcional ao número de ciclos dado pelo tambor". E sabendo-se pela segunda lei de Leandro, sabe-se que a intensidade elástica de um corpo dinamoscópico de secção constante é diretamente proporcional ao comprimento inicial do referido corpo. Então por intermédio do princípio da similaridade, conclui-se que a intensidade elástica do corpo dinamoscópico no reostato de Leandro é diretamente proporcional ao número de ciclos dado pelo tambor do referido reostato.

Com fundamento nesse princípio, pude verificar experimentalmente que sempre que o tambor do reostato dinamoscópico de Leandro sofre um movimento de rotação a intensidade elástica do referido reostato aumenta ou diminui naturalmente de acordo com o sentido do deslocamento do tambor.

Dessa forma quando o tambor gira em um dado sentido e a intensidade elástica aumenta, verifica-se que o reostato dinamoscópico de Leandro emite intensidades elásticas iguais em número de ciclos iguais dado no tambor.

Desse modo, ao dar uma rotação completa (η_1) no tambor do reostato dinamoscópico de Leandro, ele emite uma determinada intensidade elástica (i_1).

Assim, ao dar uma nova rotação completa (η_2) no tambor do referido reostato, verificar-se-á, que o mesmo passa a apresentar uma intensidade elástica (i_2) diferente de (i_1).

Prosseguindo-se a medição das intensidades elásticas correspondentes aos respectivos ciclos provocados no cilindro do reostato dinamoscópico de Leandro, observar-se-á que, quando o número de ciclos dado no tambor (η_2) for o dobro do número de ciclo anterior (η_1) ($\eta_2 = 2\eta_1$), ocorrerá que a intensidade elástica (i_2) do reostato dinamoscópico de Leandro será o dobro da intensidade elástica anterior (i_1) ($i_2 = 2i_1$).

Repetindo-se a referida experiência tantas vezes o quanto se almejar, o mesmo fenômeno será absolutamente verificado. Dessa maneira, ao efetuar experiências com o número de ciclos triplicado ($\eta_3 = 3\eta_1$), observar-se-á que a intensidade elástica resulta será também triplicada ($i_3 = 3i_1$); ao quadruplicar o número de ciclos dado no tambor ($\eta_4 = 4\eta_1$) do reostato dinamoscópico de Leandro, a intensidade elástica resultante será por sua vez quadruplicada ($i_4 = 4i_1$); realizando-se sucessivamente as experiências descrita levando esse processo até o enésimo número de ciclos do tambor ($\eta_n = n \cdot \eta_1$), ocorrerá a enésima intensidade elástica resultante ($i_n = n \cdot i_1$). Nessas condições, a proporcionalidade registrada entre a intensidade elástica resultante e o número de ciclos dado pelo tambor do reostato dinamoscópico de Leandro, é a mesma constante.

O mesmo fenômeno é verificado quando a intensidade elástica do reostato dinamoscópico de Leandro diminui quando o tambor gira em sentido oposto.

Considerando um reostato dinamoscópico de Leandro, analisando a intensidade elástica resultante e o número de ciclos emitidos no tambor. Sejam, então, (i) e (i + Δi) suas intensidades elásticas instantâneas resultantes do número de ciclos (C + ΔC), dados no tambor, respectivamente. Define-se a característica do reostato dinamoscópico de Leandro através do número de ciclos emitido pelo tambor pelo quociente:

$$S = \Delta i / \Delta \eta$$

Essa lei reza a seguinte oração: "Em um reostato dinamoscópico de Leandro, a característica que caracteriza o referido reostato é igual ao quociente da variação da intensidade elástica inversa pela variação do número de ciclos emitidos ao tambor".

9. Unidade da Característica do Reostato Dinamoscópico de Leandro

A unidade da constante de Reostato Dinamoscópico de Leandro é tirada da própria fórmula de definição da referida grandeza. Então nesse caso a constante do reostato dinamoscópico de Leandro é uma relação entre a intensidade elástica e o ciclo. Tal relação é:

$$S = i/\eta$$

As unidades da constante do reostato dinamoscópico de Leandro são tiradas dessa fórmula. Simbolicamente, pode-se escrever:

$$U(S) = U(i)/U(M)$$

Nessa expressão, lê-se: unidade da constante do reostato dinamoscópico de Leandro é igual à unidade de intensidade elástica divida por unidade de ciclo.

Para unidades de intensidade elástica têm o Leandro, o micro-leandro e outras. Para unidades de ciclo, não existe nenhuma bem definida, simplesmente o número de voltas é chamado por ciclo rotação, etc. Então, para unidades de constante do reostato dinamoscópico de Leandro, tem-se o leandro por ciclo (ε/c), o micro-leandro por ciclo ($\mu\varepsilon/c$) e muitas outras.

10. Segunda Equação do Reostato Dinamoscópico de Leandro

Um reostato dinamoscópico de Leandro se caracteriza quando sua característica dinamoscópica se mantém constante em um mesmo reostato. Dessa maneira, pode-se concluir que:

a) Qualquer que seja a intensidade elástica ou qualquer que seja o número de ciclos dado no tambor, então a característica do reostato dinamoscópico de Leandro permanece constante.

b) Em qualquer ponto do funcionamento do reostato, a característica instantânea do reostato é a mesma e ainda igual à sua característica média em qualquer estado de seu funcionamento.

c) O reostato dinamoscópico de Leandro, quando submetido a número de ciclos iguais emite intensidades elásticas iguais.

Estudarei então a intensidade elástica de um reostato, considerando para tanto um reostato dinamoscópico qualquer. Para poder referir as intensidades elásticas que o reostato dinamoscópico irá assumindo em cada ciclo emitido ao tambor será estabelecida uma origem (0). Nessa origem na intensidade elástica resultante do reostato dinamoscópico de Leandro é nula. Nesse caso atinge o seu linear e não é possível dar-lhe um ciclo no sentido de diminuir a intensidade elástica do referido reostato.

Deve-se, no entanto, levar em consideração que:

A) Ao se iniciar a contagem da intensidade elástica no reostato dinamoscópico de Leandro, a mesma não precisa necessariamente se encontra na origem, ou seja, o reostato dinamoscópico pode apresentar certa intensidade elástica, dada pelo símbolo (i_0). Essa é a intensidade elástica que o reostato apresenta.

B) O objetivo do presente estudo é a determinação da intensidade elástica total apresentada pelo reostato dinamoscópico de Leandro, com relação à origem (0), produzida, num certo número de ciclo.

Da definição de característica do reostato dinamoscópico de Leandro, tem-se o seguinte: considerarei um reostato dinamoscópico com uma intensidade elástica qualquer. Seja então ($\Delta i = i - i_0$) a variação da intensidade elástica que resulta do reostato dinamoscópico num dado número de ciclos ($\Delta \eta = \eta - \eta_0$). Por definição, chama-se característica do reostato dinamoscópico de Leandro S o quociente entre a variação da intensidade elástica inversa pela intensidade do número de ciclos dado ao tambor.

Simbolicamente é expresso por:

$$S_n = \Delta i / \Delta \eta$$

Como no caso a característica do reostato dinamoscópico de Leandro média se iguala à característica dinamoscópica instantânea ($S_m = S$), pode-se então escrever:

$$S = \Delta i / \Delta \eta = i - i_0 / \eta - \eta_0 = i - i_0 / \eta - 0 = i - i_0 / \eta$$

Isto implica que:

$$S = (i - i_0)/\eta$$

Portanto resulta que:

$$i - i_0 = S \cdot \eta$$

Logo, conclui-se que:

$$i = i_0 + S \cdot \eta$$

Esta é a equação que caracteriza a intensidade elástica do reostato dinamoscópico de Leandro. Ela possibilita determinar a cada ciclo emitido no tambor, a intensidade elástica total resultante com relação a sua origem.

Uma análise superficial da equação que caracteriza a intensidade elástica do reostato dinamoscópico de Leandro, revela claramente que a intensidade elástica do reostato dinamoscópico de Leandro depende tão somente de ciclo dados pelo tambor do referido reostato.

O valor máximo do número de ciclos dado no tambor é limitado pelo próprio reostato no qual o corpo dinamoscópico perfeitamente elástica faz parte integrante. Sabe-se que todo e qualquer corpo dinamoscópico apresenta um determinado comprimento inicial, portanto quando o tambor do reostato dinamoscópico rosqueia totalmente esse comprimento inicial de tal forma que o corpo dinamoscópico passa a ser totalmente integralmente ativo, tem-se então o número de ciclos máximo possível a dar ao tambor ($\eta = M$ máximo), e consequentemente resulta uma intensidade elástica máxima que o reostato dinamoscópico pode emitir ($i - i$) máximo, estes resultados correspondem-se mutuamente de tal forma que é possível afirmar que:

$$i_{mx} = i_0 + S \cdot \eta_{mx}$$

11. Representação Gráfica da Característica de um Reostato Dinamoscópico de Leandro - Curva Característica

A dependência da intensidade elástica (i) em função do número de ciclos (η) do tambor de um reostato dinamoscópico de Leandro é claramente linear, o que sugere uma reta, cujas principais características são as seguintes:

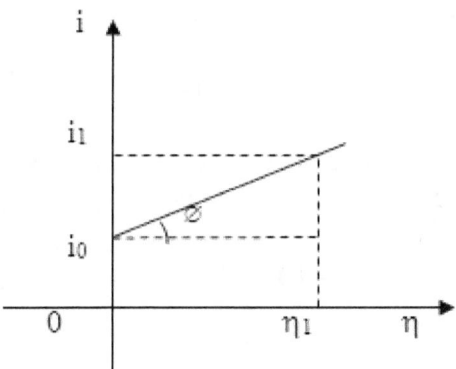

$$\text{Tg}\theta \underset{=}{N} i - i_0/\eta_1$$

Logo, conclui-se que:

$$\text{Tg}\theta \underset{=}{N} S$$

12. Relação Entre a Constante e a Característica do Reostato Dinamoscópico de Leandro

Sabe-se que a constante do reostato dinamoscópico de Leandro (r) é igual ao quociente da variação do comprimento inicial (ΔL_0) do corpo dinamoscópico do referido reostato, inverso pelo número de ciclos emitidos no tambor do dito reostato.

Simbolicamente, o referido enunciado é expresso por:

$$r = \Delta L_0/\eta$$

Sabe-se ainda que a característica (S) do reostato dinamoscópico de Leandro é igual ao quociente da variação da intensidade elástica (Δi) resultante no referido reostato, inversa pelo número de ciclos dado no tambor do dito reostato.

Simbolicamente, o referido enunciado é expresso por:

$$S = \Delta i/M$$

A razão entre a constante e a característica do reostato dinamoscópico de Leandro, resulta que:

$$r/S = (\Delta L_0/\eta) / (\Delta i/\eta)$$

Sabendo-se que o produto dos meios é igual ao produto dos extremos, isto implica que:

$$r/S = \Delta L_0 \cdot \eta/\Delta i \cdot \eta$$

Eliminando os termos em evidência, resulta que:

$$r/S = \Delta L_0/\Delta i$$

Portanto, conclui-se que: "A razão entre a constante e a característica do reostato dinamoscópico de Leandro é igual ao quociente da variação do comprimento inicial, inversa respectivamente pela variação da intensidade elástica resultante no referido reostato".

13. Descrição Matemática

No reostato dinamoscópico de Leandro, quando a intensidade elástica aumenta: o movimento do ciclo do tambor é denominado por ciclo emissor. Portanto o ciclo emissor provoca o aumento da intensidade elástica.

Quando a intensidade elástica do reostato dinamoscópico de Leandro diminui; o movimento do ciclo do tambor é denominado por ciclo extraído.

A seguir passarei a estudar os sinais do sentido do movimento do ciclo do tambor relativamente à intensidade elástica resultante. Para isso passarei a convencionar o seguinte:

a) Sempre que a intensidade elástica aumentar a característica do reostato dinamoscópico de Leandro é positivo e o sentido do movimento é positivo.

b) Sempre que a intensidade elástica diminuir o sentido, o sentido do movimento do ciclo do tambor é negativo e a característica do reostato dinamoscópico de Leandro também é negativo.

Dessa forma, quando o sentido do movimento do tambor é positivo.

Segundo esse enunciado, a intensidade elástica é positiva ($i > 0$) e ela aumenta à medida que o número de ciclos do tambor aumenta. Nesse caso o ciclo do tambor é emissor.

Do mesmo modo, quando o sentido do movimento do tambor for negativo, a intensidade elástica diminui e passa a ser negativa e a característica do reostato dinamoscópico de Leandro continua positiva. Quando isso ocorre diz-se que o ciclo do tambor é extraído.

Dessa maneira, simplificando, pode-se afirmar que somente a intensidade elástica muda de sinal, porém a característica do reostato dinamoscópico Leandro e positiva, independentemente do tambor extrair ou emitir intensidade elástica no sistema. Portanto, o sentido do movimento do ciclo do tambor é dado pelo sinal da intensidade elástica. Observe que a função da intensidade elástica do reostato dinamoscópico de Leandro descreve a emissão e a extração da intensidade elástica do reostato, isto é, existe uma única função que exprime o aumento e a diminuição da intensidade elástica.

14. Gráfico da Equação da Inter-Elasticidade do Reostato Dinamoscópico de Leandro

A função fundamental do reostato dinamoscópico de Leandro é a seguinte:

$$i = i_0 + S \cdot \eta$$

$$S \neq 0$$

É uma função do primeiro grau (N). Graficamente é uma reta inclinada em relação ao eixo dos ciclos. No gráfico da intensidade elástica, a (Tgθ) é numericamente igual à característica do reostato dinamoscópico de Leandro. Se i = f (n) é uma função crescente, tem-se (S > 0). De acordo com o seguinte gráfico:

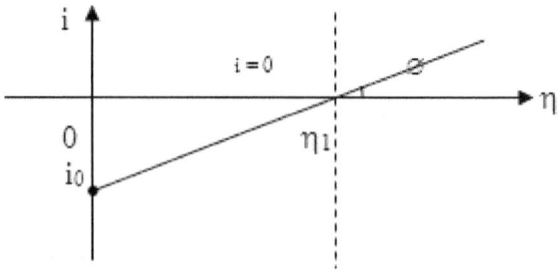

Leandro Bertoldo
Elasticidade, Vol. V, Conceitos Gerais

No referido gráfico da intensidade elástica do reostato dinamoscópico de Leandro pode-se verificar se o ciclo do tambor é emissivo ou extraído. O módulo da intensidade elástica decresce do ciclo inicial até o ciclo (M_1), portanto, nesse intervalo o ciclo do tambor é dito extraidor. O módulo da intensidade elástica cresce do ciclo (M_1) em diante e o ciclo do tambor passa a ser emissor. Essas mesmas conclusões, podem ser feitas comparando-se os sinais de (i) e (S).

15. Unidade de Ângulo Plano

O tambor do reostato dinamoscópico Leandro ao girar em torno do eixo fixo do corpo dinamoscópico que constitui o reostato, apresenta como trajetória uma circunferência, dadas as propriedades que a circunferência apresenta, é possível, e muito mais importante, expressar a intensidade elástica por meio do ângulo e não por um ciclo do tambor.

Para visualizar melhor o processo da dedução do ângulo, considere a seguinte secção transversal do tambor do reostato dinamoscópico de Leandro.

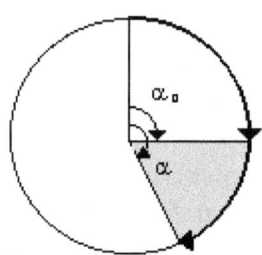

Onde:

α = É denominado por ângulo de fase. Assim, para saber a intensidade elástica basta verificar o de fase.

α = É denominado por ângulo inicial de fase, e caracteriza o estado inicial da intensidade elástica.

$\Delta\alpha$ = é denominado por variação angular. Definida como qualquer outra grandeza.

$$\Delta\alpha = \alpha - \alpha_0$$

Para representar os ângulos usa-se o radiano. Assim, quando se divide o comprimento do arco de circunferência, (ΔS) pelo raio da mesma (R), obtém-se o ângulo de fase ($\Delta\alpha$), subtendido pelo arco, em radianos.

$$\Delta\alpha = \Delta S/R = \text{ângulo (em rad)}$$

Na realidade esse quociente chamado radiano, é um número puro, pois resulta da divisão de dois valores da mesma grandeza que é o comprimento (N). O presente item será largamente discutido em um capítulo posterior.

16. Característica Angular do Reostato Dinamoscópico de Leandro

É denominado por característica angular de um reostato dinamoscópico de Leandro a razão entre a intensidade elástica que o reostato emite e o ângulo que o tambor descreve.

Geralmente, costumo representar a constante característica angular de um reostato dinamoscópico de Leandro, pela letra ω (ômega, letra do alfabeto grego):

$$\omega = \Delta i/\Delta\alpha$$

Onde

$$\Delta\alpha = \alpha - \alpha_0$$

$$\Delta i = i - i_0$$

A referida expressão é enunciada nos seguintes termos: "A característica angular do reostato dinamoscópico de Leandro é igual ao quociente da variação do angulo descrito pelo tambor do referido reostato, inverso pela variação de intensidade elástica que o reostato dinamoscópico emite".

17. Unidade de Característica do Reostato Dinamoscópico de Leandro

A unidade de característica angular do reostato dinamoscópico de Leandro é tirada da própria fórmula de definição da grandeza. No caso da característica angular do reostato, sabe-se que é uma relação entre ângulo e intensidade elástica. Tal relação é expressa simbolicamente por:

$$\omega = i/\alpha$$

Como as unidades de características angular são tiradas dessa fórmula. Simbolicamente, pode-se escrever:

$$U(\omega) = U(i)/U(\alpha)$$

Na referida expressão, lê-se: unidade da característica angular do reostato dinamoscópico de Leandro é igual ao quociente da unidade de intensidade elástica inversa pela unidade de ângulo.

A intensidade elástica é geralmente medida em leandros e o ângulo em radianos e em graus. Tem-se, pois, as unidades: ε/rad e ε/grau.

18. Equação da Característica Angular do Reostato Dinamoscópico de Leandro

Sabe-se que por definição, a característica angular do reostato dinamoscópico de Leandro é constante, ou seja, apresenta sempre o mesmo valor. Logo, conclui-se que sua equação é do tipo:

$$\omega = \text{constante}$$

Verificou-se a pouco que a característica angular do reostato dinamoscópico de Leandro é dada pela seguinte expressão:

$$\omega = \Delta i/\Delta \alpha$$

Como a característica angular média do referido reostato é igual à instantânea, em todas as intensidades elásticas, porque é constante. A expressão anterior pode ser escrita da seguinte forma:

$$\Delta i = \omega \cdot \Delta \alpha$$

Porém, como a variação da intensidade elástica é igual a diferença entre a intensidade presente no momento pela inicial:

$$\Delta i = i - i_0$$

Substituindo convenientemente na última expressão, resulta:

$$i - i_0 = \omega \cdot \Delta\alpha$$

Logo, conclui-se o seguinte:

$$i = i_0 + \omega \cdot \Delta\alpha$$

Esta é a equação que possibilita calcular a intensidade elástica do reostato dinamoscópico de Leandro em qualquer estágio do ângulo descrito pelo tambor do dito reostato.

19. Relação Entre a Característica e a Característica Angular do Reostato Dinamoscópico de Leandro

a - Sabe-se que a característica da constante dinamoscópica de Leandro é igual ao quociente da variação da intensidade elástica, inversa pelo número de ciclos dada no tambor do referido reostato.

Simbolicamente, é expresso por:

$$S = \Delta i / \Delta \eta$$

b - Verificou-se ainda que a característica angular do reostato dinamoscópico é igual ao quociente da variação da intensidade elástica, inversa pela variação de ângulo descrito pelo tambor do mesmo.

Simbolicamente, o referido enunciado é expresso por:

$$\omega = \Delta i / \Delta \alpha$$

c - Então a razão entre a constante angular e a característica do reostato dinamoscópico de Leandro é igual à seguinte relação:

$$\omega / S = (\Delta i / \Delta \alpha) / (\Delta i / \Delta \eta)$$

Pela propriedade matemática que afirma que, o produto dos meios é igual ao produto dos extremos, resulta que:

$$\omega/S = \Delta i \cdot \Delta\eta/\Delta i \cdot \Delta\alpha$$

Eliminando os termos em evidência, resulta que:

$$\omega/S = \Delta\eta/\Delta\alpha$$

A referida expressão é enunciada nos seguintes termos: "A razão entre a característica angular pela característica do reostato dinamoscópico de Leandro está para a razão entre a variação do número de ciclos pela variação do ângulo descrito pelo tambor do referido reostato".

CAPÍTULO IX
Movimento Uniforme dos Reostatos

1. Introdução

Quando se provoca os ciclos do tambor do reostato dinamoscópico de Leandro, naturalmente ele passa por um deslocamento de rotação que ocorre intermédio de um movimento angular.

Evidentemente esse movimento pode ser uniforme a variado. No movimento uniforme do tambor do reostato dinamoscópico de Leandro, o mesmo desloca ângulos iguais em intervalo de tempo iguais. Nesse caso, sua velocidade angular média em qualquer intervalo de tempo tem sempre o mesmo valor: quando isso ocorre diz-se que a velocidade angular é constante no decurso do tempo. Já o movimento, cuja velocidade varia com o decorrer do tempo, é denominado por movimento variado.

2. Velocidade Angular e Média

No movimento uniforme, a velocidade angular é constante. Com isto quero simplesmente dizer que tomando intervalos de tempos iguais, resulta que o tambor do reostato dinamoscópico de Leandro descreve ângulos iguais.

Por definição, chama-se velocidade angular média do tambor do reostato dinamoscópico de Leandro a razão entre o ângulo que ele descreve e o tempo que ele gasta para descrever o referido ângulo.

Em outros termos, velocidade angular (λ) é igual ao quociente da variação de ângulo descrito pelo tambor inverso pela variação de tempo que ele gasta.

Simbolicamente, o referido enunciado é expresso da seguinte maneira:

$$\lambda_m = \Delta\alpha/\Delta t$$

Onde:

$$\Delta\alpha = \alpha - \alpha_0$$

$$\Delta t = t - t_0$$

A referida expressão é somente válida para o movimento uniforme, onde a velocidade angular permanece constante.

3. Unidades de Velocidade Angular

A fórmula de definição de velocidade angular permite escrever:

$$U(\lambda) = U(\alpha)/U(t)$$

O tempo em qualquer sistema é medido em segundos, já o ângulo é medido em radianos e em graus. Têm-se, então, as unidades rad/s e grau/s. Outras unidades frequentemente usadas são: rotação por minuto (rpm); rotação por segundo (rps) ou ciclos por segundos (cps).

4. Relação Entre Velocidade Angular e Característica Angular do Reostato Dinamoscópico de Leandro

Verificou-se que a característica angular do reostato dinamoscópico de Leandro é igual ao quociente da variação da intensidade elástica inversa pela variação de ângulo descrito pelo deslocamento do tambor do referido reostato.
Simbolicamente, é expresso por:

$$\omega = \Delta i / \Delta \alpha$$

Sabe-se ainda que no movimento uniforme do tambor do reostato dinamoscópico de Leandro, a velocidade angular é igual ao quociente da variação de angulo, inversa pela variação de tempo decorrido no movimento.
Simbolicamente, o referido enunciado é expresso por:

$$\lambda = \Delta \alpha / \Delta t$$

Portanto, a razão resultante entre a característica angular e a velocidade angular do reostato dinamoscópico de Leandro é igual à seguinte relação:

$$\omega / \lambda = (\Delta i / \Delta \alpha) / (\Delta \alpha / \Delta t)$$

$$\omega \cdot \lambda = \Delta i \cdot \Delta \alpha / \Delta \alpha \cdot \Delta t$$

$$\omega \cdot \lambda = \Delta i / \Delta t$$

Por uma propriedade matemática que afirma que, o produto dos meios é igual ao produto dos extremos, resulta no seguinte:

$$\omega / \lambda = \Delta i \cdot \Delta t / \Delta \alpha^2$$

A referida expressão simbólica, pode ser enunciada nos seguintes termos:

"A razão existente entre a característica angular do reostato dinamoscópico de Leandro pela velocidade angular do tambor do referido reostato, é igual ao quociente do produto entre a variação de intensidade elástica pela variação de tempo, inversa pelo quadrado da variação do ângulo descrito pelo tambor em seu movimento uniforme".

5. Erupção Dinamoscópica

"No reostato dinamoscópico o ato de emissão de intensidade elástica e o ato de extração de intensidade elástica ocasionada por um movimento uniforme recebe a denominação de erupção dinamoscópica".

Verifica-se experimentalmente que quando o tambor do reostato dinamoscópico de Leandro é submetido a um movimento uniforme, o que é contatado quando a velocidade angular permanece constante, a razão entre a variação de intensidade elástica pela variação de tempo é igual a uma constante que denominei por erupção dinamoscópica. Dessa forma a erupção dinamoscópica é uma grandeza associada diretamente à intensidade elástica e mede a variação da intensidade elástica no decorrer do tempo de um movimento uniforme.

O tambor de um reostato dinamoscópico submetido a um movimento uniforme e constante, implica diretamente que a erupção dinamoscópica permaneça constante. Nesse caso o reostato dinamoscópico sofre variações de intensidades elásticas iguais em intervalos de tempos iguais.

A erupção dinamoscópica é tanto maior quanto maior for a intensidade elástica variada, e é tanto menor quanto maior for a variação de tempo decorrido na variação da intensidade elástica.

Um movimento uniforme, resultante de uma velocidade absolutamente constante implica que a erupção dinamoscópica permaneça constante. Isto simplesmente se deve ao fato da variação da intensidade elástica no reostato, ser proporcional à variação de tempo decorrido.

Desse modo passo a estabelecer a lei da erupção dinamoscópica, cujo enunciado é expresso nos seguintes termos:

"Quando o tambor de um reostato dinamoscópico é submetido a um movimento uniforme e constante, a erupção dinamoscópica é igual ao quociente da variação da intensidade elástica inversa pela variação de tempo decorrido".

Simbolicamente, o referido enunciado é expresso por:

$$E = \Delta i / \Delta t$$

Onde:

$$\Delta i = i - i_0$$

$$\Delta t = t - t_0$$

A referida expressão é aquela que traduz a denominada lei da erupção dinamoscópica de um reostato dinamoscópico, e é somente válida para o movimento uniforme.

6. Unidades de Erupção Dinamoscópica

A unidade de erupção dinamoscópica é tirada da própria fórmula de definição da grandeza. Simbolicamente pode-se escrever:

$$U(E) = U(i)/U(t)$$

Nessa expressão, lê-se: unidade de erupção dinamoscópica é igual à unidade de intensidade elástica dividida por unidade de tempo.

Leandro Bertoldo
Elasticidade, Vol. V, Conceitos Gerais

Para unidade de tempo, em qualquer sistema é o segundo, já a intensidade elástica é medida em leandros; micro-leandros, e outras. Então, para unidades de erupção dinamoscópica, tem-se o leandro por segundo (ε/s), o micro-leandro por segundo (με/s), etc.

7. Gráfico da Erupção Dinamoscópica

A curva característica da erupção dinamoscópica encontra-se assinalada no gráfico que se segue. Logo após, passarei a indicar o cálculo, a (tgα) onde (α) é o ângulo assinalado:

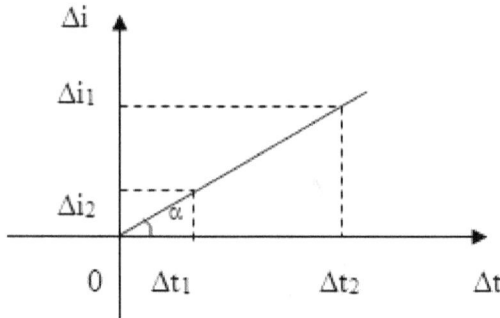

No presente gráfico observa-se que o coeficiente angular da reta é numericamente igual ao valor da erupção dinamoscópica do reostato.

$$E = \Delta i / \Delta t \underset{=}{N} Tg\alpha$$

Verifiquei que esta conclusão pode ser generalizada, ou melhor, na curva característica da erupção dinamoscópica de um reostato:

$$E \underset{=}{N} Tg\alpha$$

A referida relação é expressa oralmente nos seguintes termos:

"Num diagrama de movimento uniforme do tambor do reostato, a tangente do ângulo formado com o eixo dos tempos e a reta representativa é numericamente igual à erupção dinamoscópica".

8. Relação Entre Velocidade Angular e Erupção Dinamoscópica

Em experiências realizadas verificou-se que no movimento uniforme a velocidade angular do tambor do reostato dinamoscópico de Leandro é igual ao quociente da variação do ângulo, inverso pelo tempo decorrido na referida variação de ângulo.

Simbolicamente, o referido resultado é expresso por:

$$\lambda = \Delta\alpha/\Delta t$$

Verificou-se experimentalmente que no movimento uniforme, a erupção dinamoscópica é igual ao quociente da variação da intensidade elástica, inversa pela variação de tempo decorrido no processamento da variação da intensidade elástica emitida ou extraída.

Simbolicamente, o referido enunciado é expresso por:

$$E = \Delta i/\Delta t$$

A razão resultante entre a velocidade angular do tambor e a erupção dinamoscópica do reostato, implica na seguinte relação:

$$\lambda/E = (\Delta\alpha/\Delta t) / (\Delta i/\Delta t)$$

Pela propriedade matemática que afirma que, o produto dos meios é igual ao produto dos extremos, a referida relação resulta na seguinte:

$$\lambda/E = \Delta\alpha \cdot \Delta t/\Delta i \cdot \Delta t$$

Eliminando os termos em evidência, resulta que:

$$\lambda/E = \Delta\alpha/\Delta i$$

$$\therefore$$

$$\Delta t = \Delta i/E = \Delta\alpha/\lambda$$

A referida expressão simbólica, pode ser oralmente enunciada nos seguintes termos:

"A razão existente entre a velocidade angular do tambor do reostato dinamoscópico de Leandro e a erupção dinamoscópica do referido reostato é igual ao quociente da variação e ângulo descrito pelo tambor do referido reostato, inversa pela variação de intensidade elástica resultante a cada instante do movimento uniforme".

9. Equação da Intensidade Elástica em Função do Tempo

A equação da intensidade elástica emitida ou extraída por um reostato dinamoscópico que será estabelecida é somente válida para o movimento uniforme e relaciona a intensidade elástica com o tempo. O que permite calcular a intensidade elástica oriunda do reostato a qualquer instante.

No movimento uniforme, por definição, a erupção dinamoscópica é constante, isto é, apresenta sempre o mesmo valor. Logo, sua equação é do tipo:

$$E = \text{constante}$$

Verificou-se que a erupção dinamoscópica é igual ao quociente da intensidade elástica inversa pela variação de tempo decorrido no movimento uniforme.
Simbolicamente, o referido enunciado é expresso por:

$$E = \Delta i / \Delta t$$

Porém, sabendo-se que a variação da intensidade elástica é igual a intensidade elástica presente pela diferença da intensidade elástica inicial.
Simbolicamente, é expresso por:

$$\Delta i = i - i_0$$

E sabendo-se que a variação de tempo é igual ao tempo presente pela diferença do tempo inicial.
Simbolicamente, expresso por:

$$\Delta t = t - t_0$$

Então, isto implica que:

$$E = i - i_0 / t - t_0$$

No movimento uniforme a erupção dinamoscópica média é igual à instantânea em todos os instantes, pois é constante. A expressão anterior pode ser escrita sob a forma:

$$i - i_0 = E \cdot (t - t_0)$$

Ou simplesmente:

$$i = i_0 + E \cdot (t - t_0)$$

Começando a cronometragem do tempo, tomando ($t_0 = 0$), então, a última expressão será representada da seguinte maneira:

$$i = i_0 + E \cdot t$$

A presente equação é aquela cuja intensidade elástica varia em função do tempo. Ela possibilita o cálculo da intensidade elástica em qualquer instante.

10. Período e Frequência

O cilindro do reostato dinamoscópico de Leandro encontra-se em movimento uniforme, quando descreve ângulos iguais em intervalos de tempos iguais.

No movimento uniforme, o tempo necessário para que o tambor do reostato realizar uma volta completa é chamado por período do movimento. Vou representar o período pela letra (T) e sua unidade é a unidade de tempo que é o segundo.

No movimento uniforme, o número de voltas dadas pelo tambor na unidade de tempo é denominado por frequência do movimento. Vou representar a frequência pela letra (f). Sua unidade é dada em voltas por segundo, ciclos por segundo ou hertz. Onde o hertz é um ciclo por segundo. Abrevia-se hertz por (Hz).

A lei matemática que estabelece o valor do período para o movimento uniforme é enunciada nos seguintes termos:

"No movimento uniforme, o período é igual ao quociente da variação de tempo inversa pelo número de voltas dado pelo tambor durante esse movimento uniforme".

Simbolicamente, esse enunciado é expresso por:

$$T = \Delta t / \eta$$

No movimento uniforme a frequência é igual ao quociente do número de voltas dada pelo tambor do reostato, inverso pela variação de tempo decorrido.

Simbolicamente, esse enunciado é expresso por:

$$f = \eta/\Delta t$$

O produto entre o período é a frequência, implica que:

$$T \cdot f = \Delta t \cdot \eta/\eta \cdot \Delta t$$

Eliminando os termos em evidência, resulta que:

$$T \cdot f = 1$$

Portanto, conclui-se que o produto entre o período e a frequência tem como resultado constante o índice numérico 1 (um).

11. Velocidade Angular do Tambor em Função da Frequência e Período

No reostato dinamoscópico de Leandro, o tambor é fixo em um centro, de forma que um ponto qualquer localizado em qualquer parte do tambor diferente de seu centro descreve uma circunferência. Então, no movimento uniforme desse tambor, sua velocidade angular é constante, isto é, o tambor descreve ângulos iguais em intervalos de tempos iguais. O tempo decorrido para descrever um ângulo de (2π rad) é o que foi denominado por período (T), de modo que a velocidade angular nesse movimento apresenta o seguinte enunciado: "A velocidade angular é igual ao quociente do dobro do valor de (π), inversa pelo período (T)".

Simbolicamente, o referido enunciado é expresso por:

$$\lambda = 2\pi/T$$

Porém

$$f = 1/T$$

Logo, conclui-se que:

$$\lambda = (1/T) \cdot 2\pi$$

Logo resulta:

$$\lambda = f \cdot 2\pi$$

Portanto, no movimento uniforme a velocidade angular do tambor é igual à frequência pelo produto do dobro do valor do (π).

12. Variação de Intensidade Elástica e a Frequência

Sabe-se que a velocidade angular no movimento uniforme é igual ao quociente da variação do ângulo descrito pelo tambor, inversa pela variação de tempo.

Simbolicamente o referido enunciado é expresso por:

$$\lambda = \Delta\alpha/\Delta t$$

Sabe-se ainda que no movimento uniforme a velocidade angular do tambor do reostato é igual a frequência pelo produto do dobro de π.

Simbolicamente, é expresso por:

$$\lambda = f \cdot 2\pi$$

Igualando convenientemente os referidos enunciados, obtém-se:

$$f \cdot 2\pi = \Delta\alpha/\Delta t$$

Porém, verificou-se que a variação de tempo é igual ao quociente da variação da intensidade elástica, inversa pela erupção dinamoscópica.
Simbolicamente é expresso por:

$$\Delta t = \Delta i/E$$

Substituindo convenientemente o referido enunciado na última expressão, resulta que:

$$f \cdot 2\pi = \Delta\alpha \cdot E/\Delta i$$

Portanto, resulta que:

$$\Delta i = \Delta\alpha \cdot E/f \cdot 2\pi$$

Essa última expressão permite afirmar que:
"A variação de intensidade elástica oriunda de um reostato dinamoscópico é igual ao quociente do produto entre a erupção dinamoscópica pela variação de ângulo descrito pelo tambor do referido reostato, inversa pelo produto entre a frequência pelo dobro do valor de pi".
Porém, como a frequência é o inverso do período (f = 1/T), conclui-se que:

$$\Delta i = (\Delta\alpha \cdot E/1) / (2\pi/T)$$

Sabendo-se que o produto dos meios é igual ao produto dos extremos, conclui-se que:

$$\Delta i = \Delta\alpha \cdot E \cdot T/2\pi$$

Portanto, o resultado teórico dessa expressão permite afirmar que:

"No movimento uniforme a variação da intensidade elástica é igual ao quociente do produto entre a variação de ângulo descrito pelo tambor do reostato dinamoscópico pela erupção dinamoscópica pelo período do tambor, inversa pelo dobro do valor de pi".

13. Característica do Reostato Dinamoscópico de Leandro e a Frequência

Verificou-se que a característica do reostato dinamoscópico de Leandro é igual ao quociente da variação de intensidade elástica oriunda do referido reostato, inversa pelo número de ciclos desenvolvidos pelo tambor.

Simbolicamente o referido enunciado é expresso por:

$$S = \Delta i/\eta$$

No movimento uniforme a frequência é igual ao quociente do número de ciclos dado pelo tambor, inversa pela variação de tempo decorrido no movimento do tambor.

Simbolicamente, o referido enunciado é expresso por:

$$f = \eta/\Delta t$$

Multiplicando-se uma expressão pela outra, ou seja, multiplicando a característica do reostato dinamoscópico pela frequência desenvolvida no tambor do referido reostato, obtém-se:

$$S \cdot f = \Delta i \cdot \eta/\eta \cdot \Delta t$$

Eliminando os termos em evidência, resulta que:

$$S \cdot f = \Delta i / \Delta t$$

Porém, verificou-se que no movimento uniforme, a erupção dinamoscópica é igual ao quociente da variação de intensidade elástica, inversa pela variação de tempo decorrido.
Simbolicamente, o referido enunciado é expresso por:

$$E = \Delta i / \Delta t$$

Substituindo convenientemente a referida expressão na última, obtém-se:

$$S \cdot f = E$$

Essa expressão matemática é enunciada nos seguintes termos:
"A erupção dinamoscópica é igual ao produto entre a frequência pela característica do reostato dinamoscópico de Leandro, no movimento uniforme".

14. Característica do Reostato Dinamoscópico de Leandro e o Período

Sabe-se que a frequência é igual ao inverso do período.
Simbolicamente, o referido enunciado é expresso por:

$$f = 1/T$$

E sabendo-se que a erupção dinamoscópica no movimento uniforme é igual ao produto entre a frequência e a característica do reostato dinamoscópico de Leandro.
Simbolicamente, o referido enunciado é expresso por;

$$E = f \cdot S$$

Substituindo convenientemente as duas últimas expressões, resulta que:

$$E = (1/T) \cdot S$$

Ou seja:

$$E = S/T$$

Essa última expressão é enunciada nos seguintes termos:
"A erupção dinamoscópica é igual ao quociente da característica do reostato dinamoscópico de Leandro inversa pelo período, no movimento uniforme".

15. Constante de Reostato Dinamoscópico de Leandro e a Frequência

Sabe-se que a constante do reostato dinamoscópico de Leandro é igual ao quociente da variação do corpo dinamoscópico, inversa pelo número de ciclos dado pelo tambor do referido reostato.
Simbolicamente, o referido enunciado é expresso por:

$$r = \Delta L_0 / \eta$$

Sabe-se ainda que a frequência no movimento uniforme é igual ao quociente do número de ciclos dado pelo tambor, inverso pela variação de tempo decorrido no movimento.
Simbolicamente, o referido enunciado é expresso por:

$$f = \eta / \Delta t$$

Portanto, multiplicando-se a constante do reostato dinamoscópico pela frequência, obtém-se:

$$r \cdot f = \Delta L_0 \cdot \eta/\eta \cdot \Delta t$$

Eliminando os termos em evidência, obtém-se:

$$r \cdot f = \Delta L_0/\Delta t$$

Logo, conclui-se que:

$$\Delta L_0 = r \cdot f \cdot \Delta t$$

A referida expressão simbólica é enunciada nos seguintes termos:
"No movimento uniforme a variação de comprimento inicial oriunda de um reostato dinamoscópico de Leandro é igual ao produto entre a variação de tempo decorrido no movimento pela frequência do tambor e pela constante do referido reostato".

16. Velocidade Linear do Corpo Dinamoscópico do Reostato

A velocidade linear do reostato dinamoscópico de Leandro é calculada em função do deslocamento do corpo dinamoscópico, e é igual ao quociente da variação do comprimento inicial do referido corpo, inversa pela variação de tempo decorrido no movimento.
O referido enunciado é expresso simbolicamente por:

$$V = \Delta L_0/\Delta t$$

No último índice do presente capítulo, verificou-se que o produto entre a frequência pela constante do reostato dinamoscópico de Leandro é igual ao quociente da variação do comprimento inicial do corpo dinamoscópico, inversa pela variação de tempo decorrido no movimento.

O referido enunciado é expresso simbolicamente por:

$$r \cdot f = \Delta L_0 / \Delta t$$

Substituindo convenientemente a referida expressão com a última resulta que:

$$V = r \cdot f$$

A referida equação é enunciada nos seguintes termos:
"No movimento uniforme a velocidade linear do deslocamento do corpo dinamoscópico é igual ao produto entre a frequência do tambor pela constante do reostato dinamoscópico de Leandro".

17. Velocidade Linear e o Período

Sabe-se que a frequência é igual ao inverso do período.
O referido enunciado é expresso simbolicamente por:

$$f = 1/T$$

Verificou-se ainda que, a velocidade linear no movimento uniforme é igual ao produto entre a frequência pela constante do reostato dinamoscópico de Leandro.
Simbolicamente, o referido enunciado é expresso por:

$$V = f \cdot r$$

Substituindo convenientemente as duas últimas expressões, obtém-se:

Ou seja:

$$V = (1/T) \cdot r$$

$$V = r/T$$

Essa expressão é enunciada nos seguintes termos:
"No movimento uniforme a velocidade linear do corpo dinamoscópico é igual ao quociente da constante do reostato dinamoscópico, inversa pelo período do tambor do referido reostato".

18. Relação Entre a Erupção Dinamoscópica e a Frequência

Verificou-se que a erupção dinamoscópica é igual ao quociente da variação da intensidade elástica inversa pela variação de tempo decorrido no movimento uniforme.
Simbolicamente, o referido enunciado é expresso por:

$$E = \Delta i / \Delta t$$

Sabe-se que a frequência é igual ao quociente do número de ciclos emitidos pelo tambor do reostato dinamoscópico inversa pela variação de tempo decorrido no movimento.
O referido enunciado é expresso simbolicamente por:

$$f = \eta / \Delta t$$

A razão entre a erupção dinamoscópica e frequência do tambor do reostato resulta que:

$$E/f = (\Delta i / \Delta t) / (\eta / \Delta t)$$

Sabendo-se que o produto dos meios é igual ao produto dos extremos, obtém-se:

$$E/f = \Delta i \cdot \Delta t/\eta \cdot \Delta t$$

Eliminando os termos em evidência, resulta que:

$$E/f = \Delta i/\eta$$

A referida relação é enunciada nos seguintes termos:
"No movimento uniforme, o quociente entre a erupção dinamoscópica inversa pela frequência do tambor do reostato é igual ao quociente da variação da intensidade elástica oriunda do reostato dinamoscópico, inversa pelo número de ciclos do tambor".

CAPÍTULO X
Movimento Variado dos Reostatos

1. Introdução

O movimento variado apresenta uma aceleração constante, ou seja, o tambor do reostato dinamoscópico apresenta velocidades angulares iguais em intervalos de tempos iguais, e sua aceleração angular média em qualquer intervalo de tempo tem sempre o mesmo valor; quando esse fenômeno é verificado costuma-se afirmar que a aceleração angular do tambor do reostato é constante no decurso do tempo. Dessa maneira, no movimento variado, a velocidade angular média varia com o intervalo de tempo.

2. Aceleração Angular Média

No movimento variado, a aceleração angular é absolutamente constante. Dessa maneira, tomando intervalos de tempos iguais, resulta que o tambor do reostato dinamoscópico de Leandro, apresenta velocidades angulares iguais.

Verifica-se que no movimento variado do tambor do reostato, a aceleração angular média é igual a razão entre a variação de sua velocidade angular e o tempo durante o qual ocorre a variação. Em outros termos, a aceleração angular média do tambor do reostato dinamoscópico de Leandro é igual ao quociente da variação da velocidade angular, inversa pela variação de tempo decorrido no movimento.

Simbolicamente, o referido enunciado é expresso da seguinte maneira:

Onde:

$$a_m = \Delta\lambda/\Delta t$$

$$\Delta\lambda = \lambda - \lambda_0$$

$$\Delta t = t - t_0$$

A referida expressão é somente válida para o movimento variado onde a aceleração angular permanece constante.

3. Unidades de Aceleração Angular

A fórmula de definição de aceleração angular permite escrever:

$$U(a) = U(\lambda)/U(t)$$

Nessa expressão, lê-se: unidade de aceleração angular é igual à unidade de velocidade angular dividida pela unidade de tempo.

Porém, sabe-se que a unidade de velocidade angular permite afirmar:

$$U(\lambda) = U(\alpha)/U(t)$$

Portanto, substituindo convenientemente as duas últimas fórmulas, obtém-se:

$$U(a) = [U(\alpha)/U(t)] / [U(t)/1]$$

Sabendo-se que o produto dos meios é igual ao produto dos extremos, obtém-se:

$$U(a) = U(\alpha)/U(t)^2$$

Na referida expressão lê-se: unidade de aceleração angular é igual à unidade de ângulos dividida pelo quadrado da unidade de tempo.

O tempo, geralmente é medido em segundos e o ângulo em rad e em graus. Tem-se, pois, as unidades rad/s^2 e $grau/s^2$.

Outras unidades muito usadas são (rotação por minuto ao quadrado) rpm^2 e rps^2 (rotação por segundo ao quadrado) ou cps^2 (ciclo por segundo ao quadrado).

4. Eminencia Dinamoscópica

No reostato dinamoscópico de Leandro o ato de emitir a intensidade elástica ou o ato de extrair a intensidade elástica provocada exclusivamente por um movimento variado recebe a denominação de "Eminencia Dinamoscópica".

É possível verificar experimentalmente que quando o tambor do reostato dinamoscópico de Leandro é submetido a um movimento variado, o que é observado quando a aceleração angular permanece constante, a razão entre a variação da erupção dinamoscópica pela variação de tempo decorrido é igual a uma constante, cuja denominação é eminência dinamoscópica. Portanto, a eminência dinamoscópica é uma grandeza que está associada diretamente à erupção dinamoscópica e mede a variação da referida erupção no decorrer do tempo do processamento de um movimento variado.

O tambor de um reostato dinamoscópico de Leandro submetido a um movimento variado, implica que a eminência dinamoscópica permaneça constante. Nesse tipo em especial de movimento o reostato dinamoscópico sofre variação de erupções dinamoscópicas iguais em intervalos de tempos iguais.

A eminência dinamoscópica é tanto maior quanto maior for a erupção dinamoscópica e é tanto menor quanto maior for a variação de tempo considerada na variação da erupção dinamoscópica.

Somente em um movimento variado é que a eminência dinamoscópica permanece constante. Isto simplesmente se deve ao fato da variação da erupção dinamoscópica no reostato, ser diretamente proporcional à variação de tempo decorrido no movimento variado.

Dessa maneira passaria estabelecer a lei da eminência dinamoscópica, cujo enunciado é expresso nos seguintes termos:

"Quanto o tambor do reostato dinamoscópico de Leandro, é submetido a um movimento variado, a eminência dinamoscópica é igual ao quociente da variação da erupção dinamoscópica, inversa pela variação de tempo decorrido".

O referido enunciado é expresso simbolicamente pela seguinte relação:

$$z = \Delta E / \Delta t$$

Onde:

$$\Delta E = E - E_0$$

$$\Delta t = t - t_0$$

A referida expressão é aquela que traduz o enunciado da denominada lei da eminência dinamoscópica de um reostato, e somente é válida para o movimento variado do tambor.

5. Unidades de Eminência Dinamoscópica

A fórmula que estabelece a lei da eminência dinamoscópica permite escrever que:

$$U(z) = U(E)/U(t)$$

Na referida expressão, lê-se que: unidade de eminência dinamoscópica é igual à unidade de erupção dinamoscópica dividida pela unidade de tempo.

Mas, sabe-se que a unidade de erupção dinamoscópica permite afirmar que:

$$U(E) = U(i)/U(t)$$

Onde se lê que: unidade de erupção dinamoscópica é igual à unidade de intensidade elástica dividida pela unidade de tempo.

Portanto, substituindo convenientemente as duas leis obtêm-se:

$$U(z) = [U(i)/U(t)] / [U(t)/1]$$

Sabendo-se que o produto dos termos dos meios é igual ao produto dos termos dos extremos, obtém-se:

$$U(z) = U(i)/U(t)^2$$

Nessa expressão, lê-se que: unidade de eminência dinamoscópica é igual ao quociente da unidade de intensidade elástica, inversa pelo quadrado da unidade de tempo.

O tempo, com certa frequência é medido em segundos e a intensidade elástica em leandros e micro-leandros. Tem-se, pois, as unidades: ε/s^2 (leandros por segundo ao quadrado) e $\mu\varepsilon/s^2$ (micro leandro por segundo ao quadrado).

6. Gráfico da Eminencia Dinamoscópica

A curva característica da eminencia dinamoscópica encontra-se assinalada no gráfico que se segue. Logo após, passarei a indicar o cálculo da (tgα) onde (α) é o ângulo indicado.

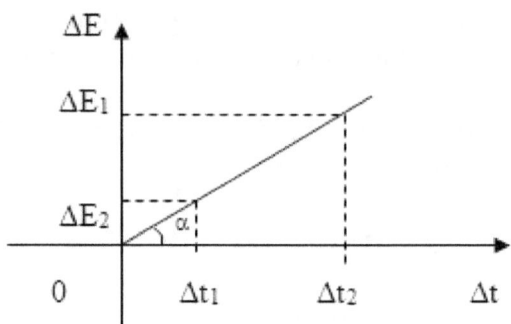

No presente gráfico observa-se que o coeficiente angular da reta é numericamente igual ao valor da eminencia dinamoscópica do reostato.

$$z = \Delta E/\Delta t \underset{=}{N} Tg\alpha$$

Deve-se observar que esta conclusão pode ser generalizada, ou melhor, na curva característica da eminencia dinamoscópica de um reostato:

$$z \underset{=}{N} Tg\alpha$$

Oralmente, a referida relação é expressa nos seguintes termos:
"Em um diagrama de movimento variado do tambor do reostato, a tangente do ângulo formado com o eixo dos tempos é uma representativa e numericamente igual à eminencia dinamoscópica".

7. Relação Entre a Aceleração Angular e Eminencia Dinamoscópica

Sabe-se que no movimento variado do tambor do reostato dinamoscópico de Leandro, sua aceleração angular é igual ao quociente da velocidade angular, inversa pela variação de tempo decorrido no movimento variado.

Simbolicamente, o referido enunciado é expresso pela seguinte relação:

$$a = \Delta\lambda/\Delta t$$

Em experiências realizadas foi possível verificar que no movimento variado do tambor do reostato dinamoscópico de Leandro, a eminencia dinamoscópica é igual ao quociente da variação da erupção dinamoscópica, inversa pela variação de tempo decorrido no movimento.

Simbolicamente, o referido enunciado é expresso pela seguinte relação:

$$z = \Delta E/\Delta t$$

A razão existente entre a aceleração angular do tambor e a eminencia dinamoscópica do reostato, implica na seguinte relação:

$$a/z = (\Delta\lambda/\Delta t) / (\Delta E/\Delta t)$$

Sabendo-se que o produto entre os termos do meio é igual ao produto dos termos dos extremos, a referida relação resulta no seguinte:

$$a/z = \Delta\lambda \cdot \Delta t/\Delta t \cdot \Delta E$$

Eliminando os termos em evidência, resulta que:

$$a/z = \Delta\lambda/\Delta E$$

A referida expressão simbólica, pode oralmente ser enunciado nos seguintes termos:

"No movimento variado a razão existente entre a aceleração angular e a eminência dinamoscópica do reostato é igual ao quociente da variação da velocidade angular do tambor, inversa pela variação da erupção dinamoscópica do reostato".

8. Equação da Erupção Dinamoscópica em Função do Tempo

A equação da erupção dinamoscópica de um reostato que será estabelecida no presente item é somente válida para o movimento variado e relaciona a erupção dinamoscópica com o tempo. O que permite calcular a erupção dinamoscópica oriunda do reostato em qualquer instante do movimento variado do tambor.

No movimento variado, por definição, a eminência dinamoscópica é constante; ou seja, apresente sempre o mesmo valor. Logo, conclui-se que, sua equação é do tipo:

$$z = \text{constante}$$

Verifica-se que no movimento variado, a eminência dinamoscópica é igual ao quociente da variação da erupção dinamoscópica, inversa pela variação de tempo decorrido no referido movimento.

Simbolicamente o referido enunciado é expresso pela seguinte relação:

$$z = \Delta E/\Delta t$$

Sabendo-se que a variação da erupção dinamoscópica é igual a erupção dinamoscópica presente pela diferença da erupção dinamoscópica inicial.

Simbolicamente, o referido enunciado é expresso por;

$$\Delta E = E - E_0$$

E sabendo-se que a variação de tempo é igual ao tempo presente pela diferença do tempo inicial.

Simbolicamente, o referido enunciado é expresso por:

$$\Delta t = t - t_0$$

Então, isto simplesmente implica que:

$$z = E - E_0/t - t_0$$

No movimento variado, a eminência dinamoscópica média é igual à instantânea em todos os instantes, pois é constante. Dessa maneira a expressão anterior pode ser escrita sob a seguinte forma:

$$E - E_0 = z \cdot (t - t_0)$$

Ou simplesmente por:

$$E = E_0 + z \cdot (t - t_0)$$

Começando a cronometragem do tempo, tomando $t_0 = 0$, então, a última expressão será representada da seguinte maneira:

$$E = E_0 + z \cdot t$$

Leandro Bertoldo
Elasticidade, Vol. V, Conceitos Gerais

A referida equação é aquela cuja erupção dinamoscópica varia em função do tempo. Ela possibilita o cálculo da erupção dinamoscópica em qualquer instante.

9. Gráficos da Erupção Dinamoscópica no Movimento Variado do Tambor do Reostato

O gráfico da erupção dinamoscópica no movimento variado do tambor do reostato é uma reta, pois a equação da erupção dinamoscópico ($E = E_0 + z \cdot t$) é do primeiro grau. Representando a erupção dinamoscópica no eixo das ordenadas e o tempo no eixo das abscissas, obtêm-se os seguintes gráficos para a erupção dinamoscópica no movimento variado a que o tambor do reostato é submetido:

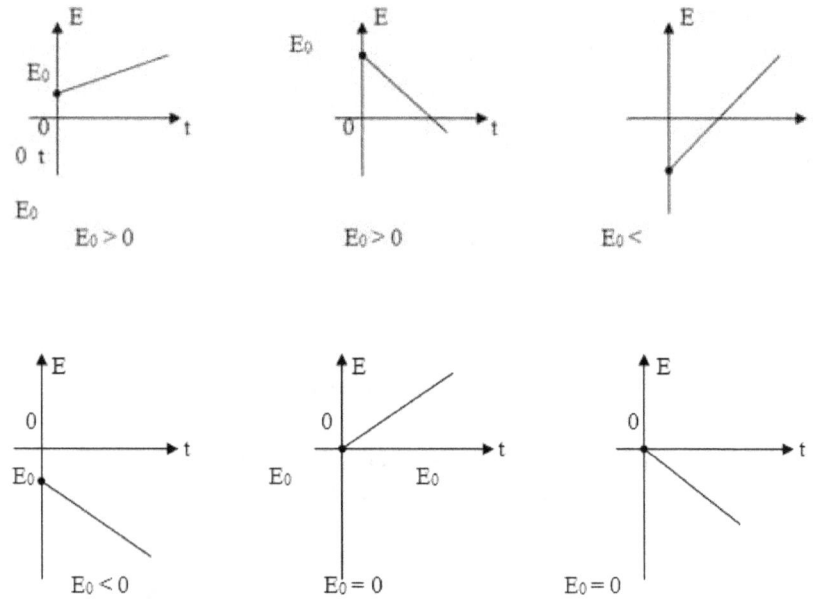

Pelo gráfico da erupção dinamoscópica pode-se notar se a eminencia dinamoscópica é positiva, negativa ou nula. Se o gráfico é ascendente, a eminencia dinamoscópica é positiva, pois o valor posterior da erupção dinamoscópica do reostato é maior que o anterior e a variação da erupção dinamoscópica é positiva ($\Delta E > 0$). Deve-se levar em conta que a variação do tempo é sempre positiva ($\Delta t > 0$).

Se o gráfico da erupção dinamoscópica é descendente, a eminência dinamoscópica é negativa, pois o valor posterior da erupção dinamoscópica é menor que o anterior e a variação da erupção dinamoscópica é negativa ($\Delta E < 0$).

Se o gráfico da erupção dinamoscópica é uma reta paralela ao eixo dos tempos, a eminencia dinamoscópica é nula, pois a erupção dinamoscópica é constante e quando isso ocorre o movimento que está submetido o tambor é uniforme.

10. Gráficos da Eminência Dinamoscópica

Representando a eminencia dinamoscópica no eixo das ordenadas e o tempo no eixo das abscissas, obtêm-se os seguintes diagramas:

a) Quando a eminencia dinamoscópica é positiva, o gráfico da eminencia dinamoscópica apresenta o seguinte aspecto:

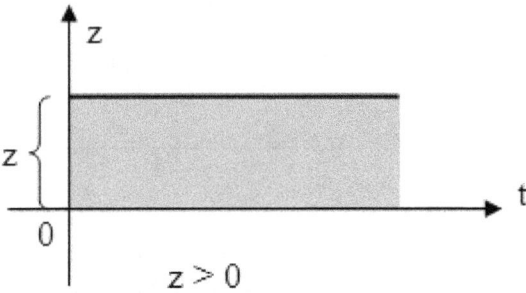

b) Quando a eminência dinamoscópica é negativa, o gráfico dessa eminência apresenta o seguinte aspecto:

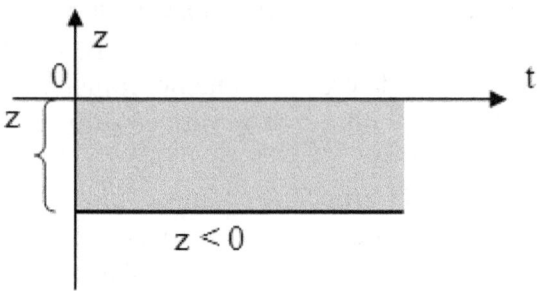

11. Equação da Intensidade Elástica do Reostato no Movimento Variado

Vou procurar deduzir a equação da intensidade elástica de um reostato dinamoscópico de Leandro cujo tambor do mesmo encontra-se submetido a um movimento variado. Essa equação será deduzida a partir do gráfico da erupção dinamoscópica tempo. Deve-se lembrar de que, nesse diagrama, a área da figura é numericamente igual à intensidade elástica oriunda do reostato no intervalo de tempo considerado.

Nesse caso, o gráfico resultante apresenta o seguinte aspecto:

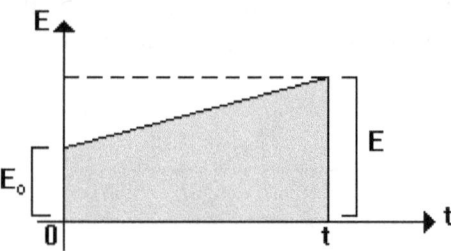

Observando-se o presente gráfico, nota-se que a figura geométrica é um trapézio e sua área é dada pelo produto da semissoma das bases pela altura, ou seja:

$$\text{Área} = (E_0 + E/2) \cdot t$$

Porém:

$$E = E_0 + z \cdot t$$

Portanto, resulta que:

$$\text{Área} = (E_0 + E_0 + z \cdot t/2) \cdot t$$

Logo resulta que:

$$\text{Área} = 2E_0 \cdot t + z \cdot t^2/2$$

Portanto ao eliminar os termos em evidência:

$$\text{Área} = E_0 \cdot t + z \cdot t^2/2$$

Por outro lado, a intensidade elástica oriunda do reostato em (t) (s) é:

$$i - i_0 \;\underline{\underline{N}}\; \textbf{área do trapézio}$$

Igualando as duas expressões, chega-se à equação:

$$i - i_0 = E_0 \cdot t + z \cdot t^2/2$$

Ou simplesmente:

$$i = i_0 + E_0 \cdot t + z \cdot t^2/2$$

A referida equação permite determinar a intensidade elástica oriunda de um reostato dinamoscópico em qualquer instante.

E somente é válido para o movimento a que o tambor é submetido.

12. Expressão da Erupção Dinamoscópica em Função da Intensidade Elástica

Observe as seguintes equações:

a) $E = E_0 + z \cdot t$
b) $i = i_0 + E_0 \cdot t + z \cdot t^2/2$

Tirando-se o valor do tempo na primeira, substituindo-se na segunda, efetuando as operações indicadas e reduzindo os termos semelhantes, chega-se à expressão adiante:

$$E^2 = E^2{}_0 + 2z \cdot \Delta i$$

Onde:

$$\Delta i = i - i_0$$

As equações que se seguem:

a) $E = E_0 + z \cdot t$
b) $i = i_0 + E_0 \cdot t + z \cdot t^2/2$
c) $E^2 = E^2{}_0 + 2z \cdot \Delta i$

São as denominadas fórmulas do reostato dinamoscópico de Leandro no movimento variado do tambor do referido reostato.

13. Gráfico da Intensidade Elástica no Movimento Variado

A equação da intensidade elástica no movimento variado do tambor do reostato dinamoscópico de Leandro e dada pela seguinte expressão: ($i = i_0 + E_0 . t + z . t^2/2$). Observando a referida equação conclui-se que é do segundo grau, portanto, o gráfico da intensidade elástica é uma curva ou mais precisamente, uma parábola.

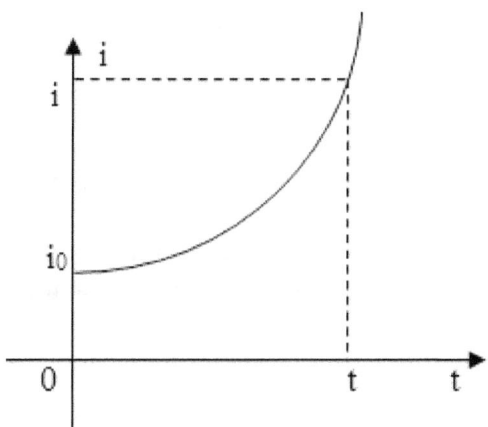

14. Equação da Velocidade Angular em Função do Tempo

No movimento variado, a aceleração angular do tambor do reostato permanece constante. Logo, na divisão ($\Delta\lambda/\Delta t$), o quociente é sempre o mesmo e igual à aceleração angular a.

Iniciando a cronometragem do tempo no instante ($t_0 = 0$), tem-se então: ($\Delta t = t$) e ($\Delta\lambda = \lambda - \lambda_0$). Donde se conclui que:

$$a = \lambda - \lambda_0/t$$

Portanto, resulta na seguinte:

$$\lambda = \lambda_0 + a.t$$

Esta é a equação da velocidade angular, resultante do movimento variado.

15. Equação do Ângulo Descrito pelo Tambor no Movimento Variado

A equação do ângulo descrito pelo tambor do reostato dinamoscópico no movimento variado, é deduzida a partir do gráfico da velocidade e do tempo.

Deve-se lembrar de que nesse diagrama, a área é numericamente igual ao ângulo descrito pelo tambor do reostato no intervalo de tempo considerado.

No caso, a figura geométrica é um trapézio e sua área é dada pelo produto da semissoma das bases pela altura, ou seja:

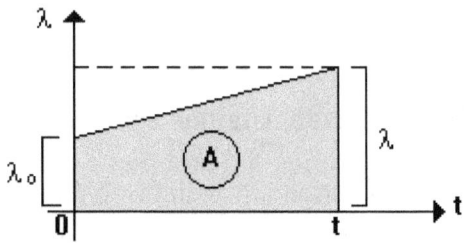

A = área do trapézio

$$A = (\lambda_0 + \lambda/2) \cdot t = (\lambda_0 + \lambda_0 + a.t/2) \cdot t$$

$$A = 2\lambda_0 \cdot t + a \cdot t^2/2 = \lambda_0 \cdot t + a \cdot t^2/2$$

Por outro lado, o ângulo descrito pelo tambor em (t) (s) é:

$$\alpha - \alpha_0 = \text{área do trapézio}$$

Igualando as duas expressões, chega-se à equação:

$$\alpha = \alpha_0 + \alpha_0 \cdot t + a \cdot t^2/2$$

Esta expressão e a da velocidade angular ($\lambda = \lambda_0 + a \cdot t$) são as conhecidíssimas fórmulas de Galileu Galilei.

16. Relação Entre a Variação de Intensidade Elástica e a Variação de Ângulo Descrito Pelo Tambor no Movimento Variado

Sabe-se que a variação de intensidade elástica oriunda de um reostato, cujo tambor do mesmo apresenta um movimento variado, é igual a quociente do produto entre a eminencia dinamoscópica, pelo quadrado do tempo decorrido no movimento, inverso pela constante de valor dois.

Simbolicamente, o referido enunciado é expresso pela seguinte relação:

$$\Delta i = z \cdot t^2/2$$

Verificou-se também, que no movimento variado do tambor do reostato dinamoscópico de Leandro, a variação de ângulo descrito pelo referido tambor é igual ao quociente do produto entre a aceleração angular pelo quadrado do tempo decorrido no movimento variado do tambor, inverso pela constante de valor dois.

Simbolicamente, o referido enunciado é expresso pela seguinte relação:

$$\Delta\alpha = a \cdot t^2/2$$

A razão entre a variação de intensidade elástica e a variação do ângulo no movimento variado imprimido no reostato dinamoscópico de Leandro, implica na seguinte relação:

$$\Delta i/\Delta \alpha = (z \cdot t^2/2) / (a \cdot t^2/2)$$

Sabendo-se que o produto dos termos dos meios é igual ao produto dos termos dos extremos, então a referida relação resulta na seguinte:

$$\Delta i/\Delta \alpha = 2z \cdot t^2/2a \cdot t^2$$

Eliminado os termos em evidência, resulta que:

$$\Delta i/\Delta \alpha = z/a$$

A referida expressão simbólica, pode ser oralmente enunciado nos seguintes termos:
"A razão existente entre a variação da intensidade elástica do reostato e a variação de ângulo descrito pelo tambor no movimento variado do mesmo é igual ao quociente da eminência dinamoscópica, inversa pela a aceleração angular que o tambor do reostato apresenta".

17. Quadrado da Velocidade Angular do Tambor do Reostato em Função do Ângulo

Das equações de Galileu: ($\lambda = \lambda_0 + a \cdot t$) e ($\alpha = \alpha_0 + \alpha_0 \cdot t + a \cdot t^2/2$), tirando-se o valor do tempo na primeira, substituindo-se na segunda, efetuando-se as operações indicadas e reduzindo os termos semelhantes, chega-se à expressão adiante, conhecida como a equação de Torricelli:

$$\lambda^2 = \lambda^2_0 + 2a \cdot \Delta \alpha$$

Leandro Bertoldo
Elasticidade, Vol. V, Conceitos Gerais

Onde:

$$\Delta\alpha = \alpha - \alpha_0$$

Portanto conclui-se que:

$$\Delta\lambda^2 = 2a \cdot \Delta\alpha$$

18. Relação Entre o Quadrado da Erupção Dinamoscópica Pelo Quadrado da Velocidade Angular

Verificou-se que o quadrado da variação da erupção dinamoscópica oriunda da eminência dinamoscópica pela variação de intensidade elástica.

Simbolicamente, o referido enunciado é expresso pela seguinte relação:

$$\Delta E^2 = 2z \cdot \Delta i$$

Observou-se a poucos que a variação do quadrado da velocidade angular é igual ao dobro da aceleração angular do tambor do reostato pela variação de ângulo descrito pelo referido tambor.

Simbolicamente, o referido enunciado é expresso pela seguinte relação;

$$\Delta\lambda^2 = 2a \cdot \Delta\alpha$$

A razão resultante entre o quadrado da variação da erupção dinamoscópica e o quadrado da variação da velocidade angular, no movimento variado imprimido no tambor do reostato dinamoscópico de Leandro, resulta na seguinte relação:

$$\Delta E^2/\Delta\lambda^2 = 2z \cdot \Delta i/2a \cdot \Delta\alpha$$

Eliminando os termos em evidência, resulta que:

$$\Delta E^2/\Delta\lambda^2 = z \cdot \Delta i/a \cdot \Delta\alpha$$

A referida expressão simbólica, pode ser oralmente enunciada nos seguintes termos:

"A razão existente entre o quadrado da erupção dinamoscópica no movimento variado pelo quadrado da variação da velocidade angular é igual ao quociente do produto da eminencia dinamoscópica pela variação da intensidade elástica, inversa pelo produto da aceleração angular do tambor do reostato pela variação de ângulo descrito pelo referido tambor".

19. Generalizações de Leis

Neste item serão apresentadas algumas leis generalizadas que regem a Elasticidade dos corpos dinamoscópicos.

1ª Lei Generalizada

O sentido de qualquer deformação coincide com o sentido da ação da força.

2ª Lei Generalizada

A deformação aumenta na mesma proporção da intensidade da força.

3ª Lei Generalizada

Diferentes Corpos Dinamoscópicos apresentam deformações particulares.

4ª Lei Generalizada

Na natureza existem corpos rígidos e elásticos

O corpo é considerado rígido dentro de certos limites onde não cede a nenhuma espécie de deformação.

5ª Lei Generalizada

Toda e qualquer deformação resulta da ação de uma força.

O efeito da força em dinamoscopia altera as dimensões ou a forma do corpo a que se aplica.

CAPÍTULO XI
Introdução à Dissipalidade

1. Introdução

Nesta introdução à dissipalidade procuro apresentar dois conceitos de extrema importância à elasticidade: as forças dissipadas e as deformações permanentes. Conhecendo as características desses elementos, passarei a estabelecer as leis que regem o caráter de causa e efeito dos dissipadores; discutidos sob o ponto de vista da elásticidade.

2. Reconhecimento de Dissipadores

Na natureza existem corpos dinamoscópicos que adquirem deformações permanentes. Esses corpos são classificados como pertencentes à classe das deformações plásticas. Nesse caso em especial, o material dinamoscópico recebe a denominação de dissipadores, devido à propriedade que esses corpos apresentam. As deformações permanentes são tão importantes como são as deformações elásticas, e por isso mesmo a razão de seu estudo.

Com certa frequência verifica-se que, forças imprimidas em corpos dinamoscópicos plásticos, provocam deformações permanentes. Ou seja, quando se aplica uma intensidade de força em um corpo dinamoscópico pertencente à classe das deformações plásticas, estes sofrem uma deformação, e na ausência da ação dessa força, os referidos corpos dinamoscópicos não se restituem de nenhum modo ao seu estado primitivo. Então a deformação é dita permanente.

Desse modo uma propriedade dos corpos que apresentam deformações, plásticas é a seguinte:

"Ao aplicar uma força num corpo dinamoscópico plástico, esse sofre uma deformação e na ausência da ação da força, não retornam ao seu estado inicial".

Essa propriedade plástica permite verificar através da deformação do chumbo, que ele é de certo ponto, um dissipador.

Verifica-se experimentalmente que são exemplos de dissipadores:

a - chumbo
b - fios de estanho
c - etc.

3. Estado Elástico dos Dissipadores

Pelo simples fato do corpo apresentar deformações, ele passa a ser classificado como elástico. Pois o princípio primitivo da elasticidade reza que todo corpo elástica é deformável sob a ação de forças.

E como os dissipadores são deformáveis; logo são elásticos. Existem corpos dinamoscópicos elásticos que apresentam fases de deformação e fases de restituição

No entanto os dissipadores apresentam apenas uma fase: a fase de deformação. Desse modo os dissipadores distinguem-se sob uma fase:

Fase de Deformação

A fase de deformação é a fase em que ocorre propriamente dito, a deformação, ou seja, a fase iniciada no momento em que a força ultrapassa o limite de rigidez e termina quando a força se torna ausente.

Fase de Restituição

A fase de restituição é nula, pois os dissipadores não se restituem ao seu estado inicial. Mas sim, mantém o novo estado que lhe foi moldado pela ação da força.

4. Forças Dissipadas

Quando se imprime uma força num corpo dinamoscópico dissipador, ele sofre uma deformação permanente e, portanto não restituem ao seu estado primitivo. Isto significa que a força imprimida em sistemas dinamoscópicos de tal natureza não permanece armazenada em estado de força elástica como ocorre com os corpos perfeitamente elásticos.

A força elástica dissipada causa, fundamentalmente, uma deformação permanente no corpo dinamoscópico, o que justifica a denominação de dissipador. Quando a força elástica é armazenada nos corpos dinamoscópicos elásticos, ela é a responsável pela restituição do mesmo.

Considere um corpo dinamoscópico plástico de seção reta e uniforme submetido a uma tração. Quando uma intensidade de força é impressa em um corpo dinamoscópico de tal característica ocorre, por parte da ação da força uma dissipação, que pode ser facilmente evidenciada pela deformação permanente que sofre o referido corpo dinamoscópico (dissipação de força por intermédio de efeitos dinamoscópicos). Portanto, se almejar manter uma intensidade de força sendo dissipada constantemente no corpo dinamoscópico de deformações plásticas, é necessário ter um dispositivo que forneça a força necessária para suprir aquela que foi dissipada no processo de deformação permanente. Os dispositivos que provocam a dissipação de forças imprimidas recebem a denominação de corpos dinamoscópicos dissipadores, que é um corpo dinamoscópico que apresentam deformações plásticas. Sua atuação consiste em dissipar totalmente a intensidade de força imprimida no corpo dinamoscópico. Evidentemente, esse efeito efetuado pelos corpos dinamoscópicos dissipadores constitui uma das poucas maneiras dinamoscópicas de dissipar a ação de uma força.

Os dissipadores sempre sofrem deformações permanentes e cujo sentido coincide com o sentido da ação da força imprimida. Desse modo os corpos dinamoscópicos dissipadores apresentam sempre como produto resultante uma deformação permanente.

5. Conservação de Força em Corpo Dinamoscópico Dissipador

A possibilidade da força aplicada em um corpo dinamoscópico dissipador, permanece armazenada no sistema sob o módulo de força elástica, está muito longe de ser uma realidade.

Torna-se então um corpo dinamoscópico dissipador; ou seja, um corpo dinamoscópico pertencente à classe das deformações plásticas imprimindo sobre ele lentamente uma força. Nessas condições a intensidade de força imprimida a cada instante permanece constante, embora o corpo dinamoscópico dissipador sogra uma deformação cada vez maior. Este fato é explicado, tendo em vista que a força dissipada e substituída pela força aplicada no referido corpo dinamoscópico.

Desse modo, à medida que o corpo dinamoscópico vai sendo deformado, ocorre que a intensidade de força imprimida permanece constante; ou seja, a cada momento o corpo dinamoscópico sofre uma deformação cada vez maior, embora não seja necessário imprimir uma intensidade de força cada vez maior. Isto significa que a força que provoca a deformação desse corpo dinamoscópico foi de algum modo dissipada; e, portanto a força imprimida no processo de deformação permanente não é armazenada sobre o módulo de força elástica, mas sim dissipada, logo não existe força elástica armazenada no sistema, assim ele não tem força elástica para provocar sua restituição.

Assim, jamais um corpo dinamoscópico dissipador poderá armazenar força sob o módulo de força elástica; mas sim dissipa-la integralmente.

6. Tipos de Elasticidade

Nos meus estudos sobre a elasticidade, pude dividi-la em três grandes classes. Essas classes serão novamente motivos de estudo no presente item.

Todos os dinamômetros obedecem à lei estabelecida por Hook. Ao imprimir-se uma intensidade de força em um dinamômetro; a força permanece armazenada sob o módulo de força elástica.

Quando esse dinamômetro armazenado com uma intensidade de força é isolado, ele passa a apresentar a propriedade de um capacitor dinamoscópico. E a força elástica nele armazenada pode ser descarregada e apresenta sempre a mesma intensidade da força aplicada. Uma vez descarregado o dinamômetro restitui ao seu estado primitivo.

Chamarei de "quantum", sempre que o dinamômetro isolado apresentar a mesma intensidade de força elástica armazenada.

Então, através de um dinamômetro em estado de repouso e isolado é possível verificar que ao imprimir em um corpo dinamoscópico dissipador um determinado "quantum" de intensidade de força aplicada pelo referido dinamômetro; esse corpo dinamoscópico dissipador, passa a sofrer por consequência da ação da força, uma deformação permanente. E a força imprimida é totalmente dissipada.

Quando a força é impressa em um corpo dinamoscópico pertencente à classe das deformações perfeitamente elástica; a intensidade do quantum da força provoca uma deformação e a mesma permanece armazenada sob o módulo de força elástica.

Existem corpos dinamoscópicos de deformações parciais, cujas deformações elásticas e as deformações permanentes são bem distintas. Em alguns desses corpos a deformação é perfeitamente elástica a princípio, posteriormente quando atinge um determinado estágio o referido corpo dinamoscópico conserva a deformação elástica e passa a sofrer deformações permanentes; em outros corpos a deformação perfeitamente elástica e a deformação permanente se processam simultaneamente.

Os corpos dinamoscópicos semielásticas que apresentam deformações distintas, recebem a denominação de bipartidos. Já os corpos dinamoscópicos que apresentam deformações elásticas e deformações permanentes simultâneas, recebem a denominação de corpos dinamoscópicos semielásticos de deformações simultâneas.

Por intermédio de um dinamômetro em estado de repouso e isolado, verifica-se experimentalmente que ao aplicar em um corpo dinamoscópico semielástico bipartido passa a sofrer por consequência da ação desse "quantum", uma deformação.

A princípio essa deformação se mostra perfeitamente elástica e posteriormente com o estágio da progressão da deformação, esta passa a ser permanente. Liberando o corpo dinamoscópico semielástico do dinamômetro, quando o processo de deformação se encerrar, pode-se verificar que o referido corpo dinamoscópico apresenta uma força elástica armazenada, a mesma que provoca a restituição parcial. Porém, esta força elástica corresponde a apenas uma parcela da intensidade do "quantum" imprimindo integralmente no sistema dinamoscópico. Logo a força elástica em falta foi dissipada no intervalo que compreende a deformação permanente. E essa força elástica dissipada é uma grandeza dada pela seguinte relação:

A força dissipada (σ) é igual à intensidade de força imprimida integralmente no corpo dinamoscópico (F) pela diferença da força elástica armazenada ou resultante (f).

Simbolicamente é expressa por: $(\sigma = F - f)$. Em um corpo dinamoscópico dissipador $(f = 0)$ e, portanto $(F = \sigma)$.

Numa deformação semielástica, parte da deformação integralmente provocada e restituída, bem como a parte da deformação é permanente. Essa deformação permanente resultante é uma grandeza dada pela seguinte relação:

A deformação permanente resultante (υ) é igual à deformação total do corpo dinamoscópico semielástico (L) pela diferença da deformação elástica que se restitui (l).

Simbolicamente é expressa por:

$$\upsilon = L - l$$

Em um corpo dinamoscópico dissipador

$$l = 0$$
$$\therefore$$
$$L = \upsilon$$

Nos corpos dinamoscópicos semielástico, é necessário ter o conhecimento da intensidade do "quantum" de força imprimida no sistema, para também se ter uma noção da intensidade de força dissipada e da força elástica conservada. E o mesmo se diga das deformações resultantes.

Dessa maneira ao imprimir a intensidade do "quantum" da força no corpo dinamoscópico semielástico, verifica-se o aparecimento de uma deformação. Como toda deformação é consequência da ação de uma força e sendo aplicada integralmente. Então, como apenas uma parte da força imprimida encontra-se sob a força de força elástica armazenada na parte que corresponde a deformação perfeitamente elástica, admite-se então, que a força restante foi dissipada no processo correspondente à parte de deformação permanente.

Desse modo, quando a intensidade do "quantum" de força imprimida na deformação do corpo dinamoscópico semielástico, ele é parcialmente dissipado e parcialmente conservado sob a forma de força elástica. Sendo (F) a quantidade da intensidade de força que provoca a deformação total do corpo dinamoscópico semielástico; (σ) é a parcela da força dissipada no processo de deformação permanente e f é a parcela de força conservada sob o módulo de força elástica no processo de deformação perfeitamente elástica, de modo que, a força integralmente imprimida no corpo dinamoscópico semielástico (F) é igual à soma entre a força dissipada (σ) e a força armazenada (f).

Simbolicamente é expressa por:

$$F = \sigma + f$$

Para avaliar que proporção do "quantum" de força imprimida na deformação do sistema dinamoscópico parcialmente elástico sobre os fenômenos de dissipação e de força elástica conservada, passo a definir as seguintes grandezas adimensionais:

Dissipavidade

A dissipavidade é uma grandeza adimensional definida com o objetivo de expressar a dissipação de força. A dissipação de força pode ser verificada através de vários processos. No entanto, qualquer que seja o processo, de dissipação da força, obedece a lei da dissipavidade.

Seja F a intensidade de força imprimida integralmente em um corpo dinamoscópico semielástico e seja σ a força dissipada no processo de deformação permanente. A dissipavidade (λ) é dada pela seguinte relação, expressa pela seguinte sentença:

A dissipavidade (d) é igual ao quociente da força dissipada (σ) no processo e deformação permanente inversa pela intensidade de força (F) integralmente aplicada na deformação de um corpo dinamoscópico semielástico.

Simbolicamente, é expresso por:

$$d = \sigma/F$$

Conservidade

A conservidade também é uma grandeza adimensional definida com o objetivo de expressar a conservação da força som o módulo de força elástica. A conservação da força pode ser verificada também através de vários processos. No entanto qualquer que seja o processo, de conservação da força, obedece a lei da conservidade.

Seja F a intensidade de força imprimida integralmente em um corpo dinamoscópico semielástico, e seja (f) a força elástica armazenada no processo de deformação elástica. A conservidade (d) e dada pela seguinte relação, expressa pela seguinte sentença:

A conservidade (d) é igual ao quociente da força elástica (f) que permanece armazenada em um corpo dinamoscópico semielástico, inversa pela intensidade de força (F) integralmente aplicada integralmente na deformação de um corpo dinamoscópico semielástico.

Simbolicamente é expresso por:

$$c = f/F$$

A soma das duas grandezas resulta:

$$d + c = \sigma/F + f/F = (\sigma + f)/F = F/F$$

Portanto, a soma da dissipavidade e da conservidade, tem como resultado a constante de índice "1".

Simbolicamente:

$$d + c = 1$$

Assim, por exemplo, um corpo dinamoscópico semielástico ter dissipado d = 0,8 significa que 80% da intensidade de "quantum" da força imprimida na deformação foram dissipadas. Os restantes 20% devem corresponder a conservidade; ou seja, à força elástica que permanece armazenada na parte corresponde à deformação perfeitamente elástica.

Quando não ocorre dissipação (d = 0), o corpo dinamoscópico é denominado ideal e pertence à classe dos corpos dinamoscópicos perfeitamente elástico. Nesse caso, tem-se:

$$c = 1$$

As grandezas (d) e (c) podem ser denominadas, respectivamente, de poder dissipador e poder conservador.

Por definição os corpos dinamoscópicos pertencentes a classe das deformações plásticas, é um corpo dinamoscópico que dissipa integralmente toda força sobre ele imprimida, provocando no mesmo uma deformação totalmente permanente. Decorre deste fenômeno que sua dissipavidade é d = 1 (100%) e sua conservidade é nula (c = 0). O corpo dinamoscópico perfeitamente elástico conserva totalmente a força que nele é impressa, tendo dissipavidade nula (d = 0) e conservidade c = 1 (100%).

Corpo dinamoscópico plástico   **d = 1**   **c = 0**
Corpo dinamoscópico ideal   **d = 0**   **c = 1**

Está perfeitamente claro, se em um sistema dinamoscópico isolado houver um corpo dinamoscópico plástico e um corpo dinamoscópico perfeitamente elástico, o corpo perfeitamente elástico dissipara pouca força, sofrendo, portanto pouca deformação permanente, pois a maior parte é armazenada sob a força de força elástica e, portanto a maior parte da deformação será elástica. O corpo dinamoscópico plástico, por sua vez, dissipará grande quantidade de força, e, em consequência, sofrerá também, uma grande deformação permanente. E o equilíbrio dinamoscópico entre eles será mantido.

Leandro Bertoldo
Elasticidade, Vol. V, Conceitos Gerais

Desta forma, todo corpo dinamoscópico bom dissipador apresenta uma boa deformação permanente e todo corpo dinamoscópico bom conservador apresenta uma má deformação permanente. O corpo dinamoscópico plástico, sendo um dissipador ideal, também apresenta uma deformação permanente ideal ou perfeita.

Na prática, há corpos que apresentam dissipavidades quase unitárias, como o chumbo (d = 0,95), que é excelente deformação permanente. Outros apresentam dissipavidades quase nulas, sendo maus dissipadores e apresentam más deformações permanentes.

De um modo genérico, os corpos dinamoscópicos plástico apresentam dissipavidade elevada e conservidade baixa, sendo bons dissipadores e apresentam boas deformações permanentes. Ao contrário, os corpos dinamoscópicos perfeitamente elásticos são maus dissipadores e apresentam más deformações permanentes, pois apresentam baixa dissipavidade e elevada conservidade.

Em um corpo dinamoscópico semielástico a intensidade do "quantum" da força imprimida, provoca como consequência uma deformação, que é parcialmente permanente e parcialmente elástica. Sendo (l) a deformação sofrida integralmente pelo corpo dinamoscópico semielástico; (υ) e a parcela de deformação permanente e (l) é a parcela correspondente à deformação elástica, de modo que a deformação integralmente sofrida pelo corpo dinamoscópico semielástico (L) é igual à soma da deformação permanente (υ) entre a deformação elástica (l).

Simbolicamente, é expressa por:

$$L = \upsilon + l$$

Para avaliar que proporção integral da deformação sofrida por um corpo dinamoscópico parcialmente elástico analisado sob o ponto de vista das deformações permanentes e as deformações elásticas, passa a definir as seguintes grandezas adimensionais:

Permanentibilidade

A permanentibilidade é uma grandeza adimensional definida com o objetivo exclusivo de expressar a deformação permanente. Na deformação permanente o corpo dinamoscópico semielástico ultrapassa o limite de elasticidade e passa a sofrer uma deformação permanente; portanto, não se restitui totalmente ao seu estado inicial na ausência da força.

Seja (L) a deformação total de um corpo dinamoscópico semielástico e seja (υ) a deformação permanente. A permanentibilidade (d) é dada pela seguinte relação expressa pela seguinte sentença:

A permanentibilidade (p) é igual ao quociente da deformação permanente (υ) inversa pela deformação total sofrida pelo corpo dinamoscópico semielástico.

Simbolicamente é expressa por:

$$p = \upsilon/L$$

Restituibilidade

A restituibilidade é uma grandeza adimensional definida com o objetivo exclusivo de expressar a deformação elástica. Na deformação elástica o corpo dinamoscópico restitui-se ao seu estado inicial na ausência de força. Já na deformação parcialmente elástica, uma parte da deformação do corpo dinamoscópico semielástico restitui-se. Essa parte que se restitui apresenta uma deformação elástica.

Seja então (L) a deformação total de um corpo dinamoscópico semielástico e seja (l) a deformação elástica. A restituibilidade (r) é dada pela seguinte relação, expressa pela seguinte sentença:

A restituibilidade (r) é igual ao quociente da deformação elástica (l) inversa pela deformação total que o corpo dinamoscópico semielástico sofre (L).

Simbolicamente é expressa por:

$$r = l/L$$

Somando as duas grandezas, obtém-se:

$$p + r = \upsilon/L + l/L = (\upsilon + l)/L = L/L$$

Eliminando os termos em evidência, conclui-se:

$$p + r = 1$$

Assim, por exemplo, um corpo dinamoscópico semielástico apresenta p = 0,6 significa que 60% da deformação total do corpo dinamoscópico permanece em estágio de deformação permanente. Os restantes 40% devem corresponder à restituibilidade; ou seja, a deformação elástica que o corpo dinamoscópico semielástico apresenta.

Quando não ocorre deformação permanente, a permanentibilidade é nula (p = 0); o corpo dinamoscópico é denominado ideal e pertence à classe dos corpos dinamoscópicos perfeitamente elástico. Nesse caso, têm-se:

$$r = 1$$

As grandezas p e r podem ainda ser denominadas, respectivamente, de poder de permanência e poder restituidor.

Por definição, o corpo elástico é um corpo dinamoscópico que se deforma totalmente numa deformação permanente. Decorre deste fenômeno que sua permanentibilidade e p = 1 (100%) e sua restituibilidade é nula (r = 0). O corpo dinamoscópico perfeitamente elástico restitui-se totalmente ao seu estado natural, na ausência da ação da força, tendo permanentibilidade nula (p = 0) e restituibilidade r = 1 (100%).

Corpo dinamoscópico plástico   **p = 1**   **r = 0**
Corpo dinamoscópico ideal   **p = 0**   **r = 1**

Sabe-se que, a soma da dissipavidade e da conservidade, tem como resultado uma constante de índice (1).
Simbolicamente resulta:

$$d + c = 1$$

E a soma da permanentibilidade com a restituibilidade, tem como resultado final uma constante de índice (1).
Simbolicamente, resulta:

$$p + r = 1$$

Substituindo convenientemente os enunciados das duas últimas leis, resulta que a dissipavidade somada com a conservidade é igual ao permanentibilidade somada com a restituibilidade.
Simbolicamente, é expresso por:

$$d + c = p + r$$

Está bastante claro que um corpo dinamoscópico plástico dissipa grande quantidade de força e, por consequência, sofre também uma grande deformação permanente. Decorre desse fenômeno que sua dissipavidade é ($d = 1$) e sua conservidade é nula ($c = 0$). Do fenômeno da deformação decorre que sua permanentibilidade é ($p = 1$) e sua restituibilidade é nula ($r = 0$).
Substituindo esses valores na última expressão obtém-se:

$$d + c = p + r$$

Como:

$$c = 0$$

$$r = 0$$

Resulta que:

$$d = p$$

Isto é: "Em um corpo dinamoscópico plástico, a dissipavidade e a permantibilidade em um dado estado são iguais".

Esta lei, conhecida como Lei de Leandro, vem a confirmar o que fora dito anteriormente: um bom dissipador de força sofre também uma boa deformação permanente.

Da definição de dissipavidade, sabe-se que a dissipavidade é igual ao quociente da força dissipada, inversa pela força integralmente aplicada no corpo dinamoscópico.

Simbolicamente, a referida lei resulta que:

$$d = \sigma/F$$

Da definição de permantibilidade, sabe-se que a permantibilidade é igual ao quociente da deformação permanente inversa pela deformação total do corpo dinamoscópico.

Simbolicamente, a referido lei resulta que:

$$p = \upsilon/L$$

Como para um corpo dinamoscópico plástico a dissipavidade e a permantibilidade são iguais.

Simbolicamente:

$$d = p$$

Resulta que o quociente da força dissipada inversa pela força integralmente imprimida em um corpo dinamoscópico plástico é igual ao quociente da deformação permanente inversa pela deformação total sofrida pelo referido corpo dinamoscópico.

Simbolicamente, resulta:

$$1 = d = p = \sigma/F = \upsilon/L$$

Essas leis são válidas para os corpos dinamoscópicos classificados na classe das deformações plásticas.

Encontra-se também, bastante claro que em corpo dinamoscópico perfeitamente elástico não dissipa a forca aplicada, mas sim a mantém conservado. E, portanto, a deformação é totalmente elástica não ocorrendo em nenhuma parte deformação permanente. Decorre desse fenômeno que sua dissipavidade é nula (d = 0) e sua conservidade é (c = 1). Do fenômeno da deformação decorre que sua permanentibilidade é nula (p = 0) e sua restituibilidade é (r = 1).

Substituindo esses valores na seguinte expressão:

$$d + c = p + r$$

Sabendo-se que:

$$d = 0$$
$$p = 0$$

Resulta que:

$$c = r$$

Isto é: "Em um corpo dinamoscópico perfeitamente elástico, a conservidade e a restituibilidade, em um dado estado são iguais".

Esta lei também conhecida como lei de Leandro, vem a confirmar o que fora dito anteriormente: os corpos dinamoscópicos perfeitamente elástico são mais dissipadores e apresentam más deformações permanentes, pois apresentam na prática baixa dissipavidade e elevada conservidade.

Portanto, um bom conservador de força sofre também uma boa deformação elástica.

Da definição de conservidade, sabe-se que a conservidade é igual ao quociente da força elástica presente no corpo dinamoscópico inversa pela força integralmente imprimida no referido corpo.

Simbolicamente, a referida lei resulta que:

$$c = f/F$$

Da definição de restituibilidade, sabe-se que a restituibilidade é igual ao quociente da deformação elástica inversa pela deformação total do corpo dinamoscópico.

Simbolicamente, é expressa por:

$$r = l/L$$

Como para um corpo dinamoscópico perfeitamente elástico a conservidade e a restituibilidade são iguais.

Simbolicamente:

$$c = r$$

Resulta que o quociente da força elástica inversa pela força integralmente imprimida na deformação é igual ao quociente da deformação elástica inversa pela deformação total do corpo dinamoscópico.

Simbolicamente, resulta:

$$1 = c = r = f/F = l/L$$

Essas leis são válidas para os corpos dinamoscópicos classificados na classe das deformações perfeitamente elásticas.

7. Relação Entre as Deformações Permanentes e as Forças Dissipadas

Pode-se verificar experimentalmente que, ao fixar um corpo dinamoscópico de deformações plásticas de comprimento inicial e de seção reta uniforme, por meio de uma de suas extremidades a um referencial inercial. Quando for impresso um "quantum" de intensidade de força por intermédio de um dinamômetro isolado, esse corpo consequentemente passará a sofrer uma deformação analisada em função do referencial inercial.

Quando a intensidade do "quantum" da força é integralmente imprimida e descarregada sob o corpo dinamoscópico dissipados, o sistema entre em repouso.

Passando a analisar os resultados obtidos na referida experiência, verifica-se que o corpo dinamoscópico não se restitui de nenhum modo, permanecendo a deformação sob o estágio de deformação permanente. Verifica-se ainda que a intensidade do "quantum" da força imprimida é totalmente dissipada no processo de deformação permanente.

Do mesmo modo, ao imprimir outra intensidade de quantum de força igual à intensidade do quantum da força da primeira experiência. Verifica-se que o corpo dinamoscópico dissipado passará a sofrer uma nova deformação.

Analisando essa deformação, que na verdade é um prosseguimento da primeira; aqui, novamente, verifica-se que o corpo dinamoscópico dissipador sofre uma nova deformação permanente. Verifica-se novamente que a intensidade do quantum da força imprimida é totalmente dissipada. Observa-se que essa deformação é igual à primeira e a força dissipada, também é igual à intensidade correspondente àquela dissipada na primeira experiência.

O mesmo fenômeno tornar-se-á a ocorrer com uma terceira, uma quarta experiência e assim sucessivamente, com as deformações permanentes e as força dissipadas, correspondendo igualmente aos resultados dos fenômenos verificados nas experiências anteriores.

Realizando novas experiências, porém com o dobro da intensidade do "quantum" da força imprimida nos corpos dinamoscópicos das experiências anteriores; pode-se observar a princípio uma deformação do referido corpo dinamoscópico. Ao analisar essa deformação verifica-se que aqui, novamente, o referido corpo sofre deformação permanente. Verifica-se ainda, que a intensidade do "quantum" da força aplicada no processo de deformação permanente é totalmente dissipada. Observa-se que a força duplicada é totalmente dissipada e o intervalo que compreende a deformação permanente atinge o dobro das deformações anteriores.

Repetindo-se a presente experiência tantas vezes o quanto almejar, o mesmo fenômeno será verificado; com o intervalo que compreende a deformação permanente correspondente sempre à força dissipada no processo dessa deformação. Ou seja, nas experiências anteriores no intervalo que corresponde às deformações permanentes de um corpo dinamoscópico verifica-se que o referido corpo sofre deformações permanentes iguais em intensidade de forças dissipadas iguais. Desse modo a relação existente entre a força dissipada e a deformação permanente resultante é uma constante. Costuma-se também afirmar, de outra maneira, que as deformações resultantes são diretamente proporcionais às intensidades de forças dissipadas no processo dessa deformação.

Durante o primeiro intervalo da deformação permanente, esta passou de (υ_0) para (υ_1). Ou seja, variou de ($\Delta\upsilon = \upsilon_1 - \upsilon_0$); e a força dissipada no processo de deformação permanente passou de (σ_0) para (σ_1), isto é, variou de ($\sigma_1 - \sigma_0 = \Delta\sigma$). Analogamente, pode-se seguir tal procedimento com relação às demais deformações permanente ($\Delta\upsilon_2, \Delta\upsilon_3, \Delta\upsilon_4..., \Delta\upsilon_{n-1}, \Delta\upsilon_n$), oriundas das forças dissipadas durante esse processo.

Desse modo, de acordo com a definição, obtém-se:

$$\sigma_1 - \sigma_0/\Delta\upsilon_1 = \sigma_2 - \sigma_1/\Delta\upsilon_2 = ... = \sigma_n - \sigma_{n-1}/\Delta\upsilon_n \equiv \textbf{constante} \equiv \textbf{K}$$

Ou então, fazendo:

$$\sigma_1 - \sigma_0 = \Delta\sigma_1;\ \sigma_2 - \sigma_1 = \Delta\sigma_2...$$

Tem-se:

$$\Delta\sigma_1/\Delta\upsilon_1 = \Delta\sigma_2/\Delta\upsilon_2 = ... = \Delta\sigma_n/\Delta\upsilon_n = K$$

A proporção, na realidade, indica que a dissipação dinamoscópica em qualquer trecho da deformação é constante.

Desse modo, considerando um corpo dinamoscópico dissipador, analisando o intervalo que compreende as deformações permanentes, verifica-se, então, que (σ) e $(\sigma + \Delta\sigma)$ correspondem às forças instantâneas dissipadas no processo de deformação (υ) e $(\upsilon + \Delta\upsilon)$, respectivamente. Define-se dissipação dinamoscópica média γ_m no intervalo que compreende a deformação $(\Delta\upsilon)$ pelo quociente:

$$\gamma_m = \Delta\sigma/\Delta\upsilon$$

"Em regime de deformação permanente, as forças dissipadas são diretamente proporcionais às respectivas deformações permanentes".

A referida lei é válida para todos os tipos de deformações dentro dos limites das deformações permanentes. E deixa de ser válida quando atinge o limite de ruptura.

A constante (γ_m) é o valor da constante de proporcionalidade é característica do material dinamoscópico, é chamada dissipação dinamoscópica média.

A dissipação dinamoscópica e a grandeza que mede a força dissipada no processo de deformação do sistema. Quanto maior for a força dissipada maior é a dissipação dinamoscópica; e quanto maior for a deformação permanente menor é a dissipação dinamoscópica.

8. Plasticidade

Toda vez que um corpo dinamoscópico plástico é submetido à ação de uma força, sua deformação permanente varia de acordo com a intensidade dessa força imprimida e dissipada.

A variação dessa deformação permanente varia de acordo com a intensidade dessa força imprimida e dissipada.

A variação dessa deformação permanente varia de corpo dinamoscópico dissipador para corpo dinamoscópico dissipador. E nestes corpos quanto maior for à deformação permanente que resulta da ação da mesma intensidade de força, maior será a placidez desses corpos dinamoscópicos plásticos. Ou seja, diferentes corpos dinamoscópicos de deformações plásticas dissipam a mesma intensidade de força imprimida e, no entanto sofrem deformações permanentes distintas. E quanto maior for a deformação permanente que podem sofrer, numa menor intensidade de força dissipada, maior será a placidez do material dinamoscópico plástico.

A esse fenômeno denominarei por intensidade de placidez do material dinamoscópico. Desse modo a placidez é uma grandeza associada à deformação permanente e mede a variação da deformação permanente que um corpo dinamoscópico dissipador sofre, sob a ação da intensidade de força dissipada.

Em um mesmo corpo dinamoscópico dissipador, a intensidade de placidez permanece constante, pois o corpo sofre deformações permanentes iguais em intensidade de forças dissipadas iguais, ou seja, a intensidade de placidez dos corpos dinamoscópicos plásticos na intensidade de força dissipada, apresentam valores numericamente iguais. Quando isso ocorre afirma-se que a intensidade de placidez é constante com a intensidade de força dissipada. Em outras palavras, pode-se afirmar que a intensidade de placidez é constante quando a deformação do corpo dinamoscópico aumenta em comprimentos iguais por intensidade de forças iguais.

A intensidade de placidez é tanto maior quanto maior for a deformação permanente sofrida pelo corpo dinamoscópico e é tanto menor quanto maior for a intensidade de força dissipada no processo de deformação permanente.

Seja qual for à intensidade de força dissipada no processo de deformação permanente que se considere, a intensidade de placidez permanece constante. Isto se deve ao simples fato de que a deformação permanente resultante ser diretamente proporcional à intensidade de força dissipada.

Assim, é possível estabelecer a lei da intensidade de placidez, cujo enunciado reza a seguinte oração:

"Nos limites de deformação permanente, a intensidade de placidez é igual ao quociente da deformação permanente que resulta, inversa pela intensidade da força dissipada no processo dessa deformação".

Simbolicamente, o referido enunciado é expresso por:

$$p = \Delta \upsilon / \Delta \sigma$$

Esta é a expressão matemática que traduz a chamada lei da intensidade de placidez; onde a letra para representar simbolicamente a placidez da deformação de um corpo dinamoscópico dissipador.

O ouro e o chumbo são elementos que apresentam altas intensidades de placidez.

Este fenômeno é explicado tendo em vista que a matéria ocupa num mesmo tempo um só lugar no espaço.

Considerando então as altas densidades que esses metais apresentam, é fácil verificar que os espaços vazios entre as moléculas praticamente não existem porque se encontram em excesso de moléculas uma próxima de outra de tal forma ao ser submetido à ação de uma força essas moléculas não encontram apoio uma sobre as outras e tendem a deslizar-se uma sobre a outra, o que causa a alta intensidade de placidez.

Existem metais que apresentam baixas densidades, embora apresentem altas intensidades de placidez.

Isto porque os vazios entre as moléculas estão ocupados pelo ar e ao ser submetidos a ação de uma força apresenta altas intensidades de placidez, porque o vazio entre elas permite que as moléculas se movam.

Existem corpos dinamoscópicos dissipadores que apresentam baixas intensidades de placidez, porque os vazios entre as moléculas estão preenchidos uniformemente por moléculas. Dessa forma não ocorre deslizamento e nem aproximações de moléculas. Pois nesses materiais o vazio é preenchido de forma que massa não ocupa lugar de massa.

9. Relação Entre a Intensidade de Plácidez e a Dissipação Dinamoscópica

Novamente aqui, se faz necessário estabelecer um relacionamento entre a intensidade de placidez e a dissipação dinamoscópica que caracterizam um corpo dinamoscópico dissipador.

Sabe-se que a constante de dissipação dinamoscópica é expressa pelo quociente da variação da força dissipada; inversa pela variação do comprimento da deformação permanente resultante no corpo dinamoscópico.

Simbolicamente, a referida lei é expressa por:

$$\gamma = \Delta\sigma/\Delta\upsilon$$

Já a intensidade de placidez é expressa pelo quociente da variação da deformação permanente que resulta, inversa pela variação da força dissipada no processo de deformação permanente.

A referida lei é expressa simbolicamente pela seguinte relação:

$$p = \Delta\upsilon/\Delta\sigma$$

Multiplicando-se uma expressão pela outra, obtém-se:

$$\gamma \cdot p = \Delta\sigma \cdot \Delta\upsilon/\Delta\upsilon \cdot \Delta\sigma$$

Porém, como os termos:

$$\Delta\sigma \cdot \Delta\upsilon/\Delta\upsilon \cdot \Delta\sigma$$

Encontra-se em evidência. Ao elimina-los, obtém-se:

$$\gamma \cdot p = 1$$

Esta é a expressão matemática que traduz a lei da conciliação entre a constante de dissipação dinamoscópica e a intensidade de placidez do material dinamoscópico dissipador.

Por intermédio da regra de três simples e direta, se expressa:

$$\gamma \cdot p = 1$$
$$\gamma = 1/p$$
$$p = 1/\gamma$$

A constante de dissipação dinamoscópica e a intensidade de placidez do corpo dinamoscópico dissipador, são relações inversas: conhecida a intensidade de placidez determina-se a constante de dissipação dinamoscópica e vice-versa.

10. Rigidez de um Corpo Dinamoscópico Dissipador

Todas as situações vistas até agora se referiam a apenas a considerações ideais, isto é, analisando-se apenas a força dissipada no processo de deformação permanente. Entende-se por condições ideais a força integralmente imprimida processa a deforma-

Leandro Bertoldo
Elasticidade, Vol. V, Conceitos Gerais

ção permanente total e integralmente dissipada. Em outras palavras, os corpos dinamoscópicos dissipados não ofereciam resistência alguma a deformação do corpo, ou seja, não exerciam reações tangenciais. Como já foram verificados, esses corpos dinamoscópicos só exercem reações normais. Na prática, quando se estuda a deformação de um corpo dinamoscópico dissipador observa-se que esta exerce uma reação tangencial à deformação.

Considere então um corpo dinamoscópico de reação reta uniforme com uma das extremidades presa a um referencial inercial.

Aplicando-se sobre o corpo uma força (F) por tração de intensidade variável, por intermédio de um dinamômetro. A experiência mostra que esse corpo dinamoscópico dissipador só se deformará quando a intensidade da força (F) ultrapassar certo limite. Enquanto esse limite não for atingido, o corpo não sofrerá a deformação, pois a força (F) aplicada estará sendo equilibrada pela força de reação tangencial. Essa força de reação tangencial é denominada usualmente por força de rigidez ou força de rigidez de deformação.

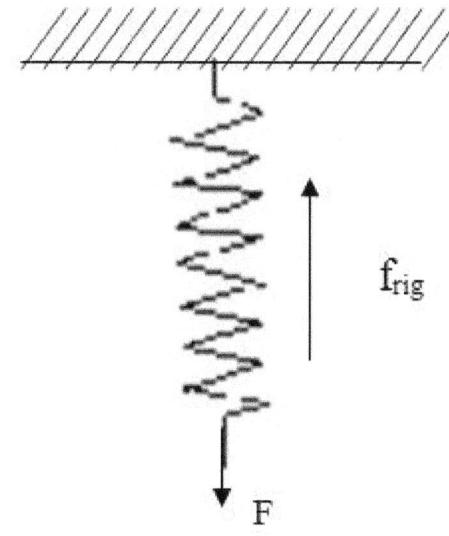

A situação descrita provém do fato de os corpos apresentarem certa resistência interna de acordo com as disposições e estados das moléculas que constitui o material do corpo; assim, ao se tentar deformar um corpo dinamoscópico, por intermédio de uma força, verificam-se reações de ambas.

Supondo-se agora que a força (F) aplicada tenha intensidade superior à intensidade limite. Nessas condições, o corpo rigidezcópico dissipador entrará em estado de deformação. Uma vez iniciada a deformação, o dinamômetro que imprime a força restitui e a intervalo de forma maior que a rigidez é totalmente dissipada no processo de deformação rigidez e o dinamômetro entra em repouso. A força indicada no dinamômetro corresponde exatamente à força de rigidez que exerce o corpo dinamoscópico dissipador, pois pelo princípio da ação e reação, a força imprimida reage com uma intensidade igual à força de rigidez. Essa força permanece constante durante todo processo de deformação, seja na tração ou compressão.

Leis da rigidez de um corpo dinamoscópico dissipador.

As leis da rigidez de um corpo dinamoscópico dissipador foram obtidas diretamente de dados experimentais. E são as seguintes:

1) As forças de rigidez dinamoscópica só aparecem quando existe tendências à deformação, opondo-se a essa tendência.

2) A intensidade das forças de rigidez assume valores compreendidos entre zero e a valor limite denominado por força de rigidez máxima.

A intensidade da força de rigidez máxima (f_{mx}) de um corpo dinamoscópico dissipador é diretamente proporcional à intensidade de rigidez dinamoscópica (p).

Simbolicamente, o referido enunciado é expresso por:

$$f_{mx} = \mu \cdot p$$

A constante de proporcionalidade (μ) é denominada por coeficiente de rigidez de um corpo dinamoscópico.

3) A rigidez é uma propriedade inerente aos corpos dinamoscópicos dissipados.

4) As forças de rigidez varia de corpo dinamoscópico dissipador para corpo dinamoscópico dissipador.

5) O sentido da força de rigidez é sempre oposto ao da força que tende a provocar a deformação do corpo dinamoscópico.

Uma segunda lei do coeficiente de rigidez é a seguinte; sabendo-se que a intensidade de rigidez de um corpo rigidezcópico é igual ao quociente da deformação resultante, inversa pela intensidade de força dissipada no processo de deformação permanente.

Simbolicamente, o referido enunciado é expresso por:

$$p = \Delta \upsilon / \Delta \sigma$$

Sabendo-se que o coeficiente de rigidez é igual ao quociente da força de rigidez máxima inversa pela intensidade de placidez.

A rigidez é simbolicamente representada por:

$$\mu = f_{mx}/p$$

Substituindo convenientemente a lei da intensidade de rigidez na lei do coeficiente de rigidez; resulta que:

$$\mu = f_{mx}/p$$

E sabendo-se que:

$$p = \Delta\upsilon/\Delta\sigma$$

Substituindo, isto implica que:

$$\mu = f_{mx}/\Delta\upsilon/\Delta\sigma$$

Ou seja:

$$\mu = f_{mx} \cdot \Delta\sigma/\Delta\upsilon$$

A dedução matemática resultante implica que o coeficiente de rigidez é igual ao produto entre a força de rigidez máxima (f_{mx}) e a força dissipada no processo de deformação permanente de um corpo dinamoscópico dissipador, inversa pela deformação permanente resultante da ação dessa força dissipada.

Uma terceira lei do coeficiente de rigidez é demonstrada do seguinte modo:

Sabendo-se que a constante dinamoscópica (γ) de um corpo dinamoscópico dissipador é igual ao quociente da força dissipada no processo de deformação e inversa pela deformação permanente resultante.

Simbolicamente o referido enunciado é expresso por:

$$\gamma = \Delta\sigma/\Delta\upsilon$$

E sabendo-se que o coeficiente de rigidez é igual ao produto entre a força de rigidez máxima (f_{mx}) pela força dissipada no processo de deformação do corpo dinamoscópico, inversa pela deformação permanente resultante da ação dessa força dissipada.

O referido enunciado é expresso simbolicamente por:

$$\mu = f_{mx} \cdot \Delta\sigma/\Delta\upsilon$$

Substituindo convenientemente a lei que caracteriza a constante dinamoscópica do material na segunda lei da rigidez dos de rigidez, resulta que:

$$\mu = f_{mx} \cdot \Delta\sigma/\Delta\upsilon$$

E sabendo-se que:

$$\gamma = \Delta\sigma/\Delta\upsilon$$

Substituindo isto implica que:

$$\mu = f_{mx} \cdot \gamma$$

Ou seja, o coeficiente de rigidez é igual a força de rigidez máxima em produto com a constante dinamoscópica do material.

A unidade de coeficiente de rigidez no Sistema Internacional são as seguintes:

$$N^2/m; \ d^2/m; \ N^2/cm; \ d^2/cm \ etc$$

Para definir esta unidade, considere a expressão:

$$\mu = f_{mx} \cdot \Delta\sigma/\Delta\upsilon$$

Portanto a unidade de μ = N . N/m ou d . N/cm ou d . d/cm etc.

Unidade de coeficiente de rigidez = unidade de força de rigidez x unidade de força/unidade de comprimento

Coeficiente de rigidez: N . d/cm; d . N/m; d . d/cm; N . N/m.

Se os produtos entre as forças apresentam as mesmas unidades N . N (Newton vezes Newton) ou d . d (dina vezes dina) e as deformações estiverem em m (metro) ou em cm (centímetros), o coeficiente de rigidez f_{mx}. $\Delta\sigma/\Delta\upsilon$ será medido em N . N/m ou d . d/cm (rigidez, Newton vezes Newton por metro) ou (dina vezes dina por centímetros) que se indica por N^2/m ou d^2/cm, respectivamente (Newton ao quadrado por metro) ou (dina ao quadrado por rigidez).

De um modo genérico, a unidade de coeficiente de rigidez é o quociente da unidade de força por unidade de comprimento.

11. Lei Generalizada de Leandro

Tome-se um corpo dinamoscópico elástico de intensidade elástica (i), e um corpo dinamoscópico dissipador de intensidade de placidez (p), associados em série, conforme o ramo esquemático do sistema (AC) apresentado na figura que se segue:

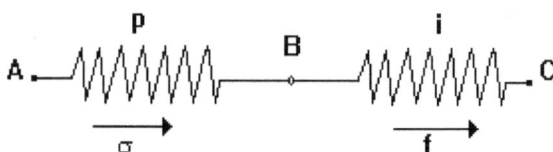

Nessas condições, como se trata de uma associação em série, sabe-se que a variação de deformação entre seus terminais é igual à soma das variações de deformações parciais, entre os terminais de cada bipolo associado, ou seja:

$$L_C - L_A = (L_B - L_A) + (L_C - L_B)$$

Observa-se que o referido ramo do sistema dinamoscópico contém um corpo dinamoscópico dissipador (p) e um corpo dinamoscópico elástico (i).

Tomando as diferenças de deformações parciais entre os terminais de cada bipolo, têm-se as seguintes deformações:

a) no corpo dinamoscópico elástico: $L_C - L_B = i \cdot f$
b) no corpo dinamoscópico dissipador: $L_B - L_A = p \cdot \sigma$

Portanto, substituindo convenientemente esses valores em $(L_C - L_A)$, resulta:

$$L_C - L_A = (p \cdot \sigma) + (i \cdot f)$$

Considere neste ramo, a existência de mais corpos dinamoscópicos plásticos e elásticos associados em série. Denominarei de (Σp) a somatória das intensidades de placidez dos corpos dinamoscópicos dissipadores que se encontram na associação. E chamarei de (Σi) a somatória das intensidades elásticas dos corpos dinamoscópicos elásticos presente na associação. Então, a expressão, acima, pode ser expressa da seguinte forma:

$$L_C - L_A = \sigma \cdot \Sigma p + f \cdot \Sigma i$$

Como a variação da deformação equivalente pode ser expressa pela seguinte maneira: $(\Delta L_e = L_C - L_A)$, resulta:

$$\Delta L_e = \sigma \cdot \Sigma p + f \cdot \Sigma i$$

Essa igualdade é a expressão obtida na generalização da lei de Leandro.

Se o sentido da deformação for por tração, o sinal é positivo. Se a deformação for por compressão, simplesmente devem-se inverter todos os sinais, obtendo dessa forma o mesmo valor em módulo.

CAPÍTULO XII
Noção de Forças Dissipadas

1. Introdução

A classe da elasticidade parcial engloba os corpos dinamoscópicos, cujas deformações são em parte elástica e em parte permanente. Nesse caso em especial o material dinamoscópico recebe a denominação de materiais semielásticos. As deformações com elasticidade parcial são muito comuns na natureza, e por isso mesmo é importante o seu estudo. Essa classe de deformação é detalhadamente discutida nesta secção do livro da elasticidade.

2. Efeito da Força num Material Pertencente à Classe da Elasticidade Parcial

É possível verificar experimentalmente que, forças imprimidas em corpos dinamoscópicos semielásticos, provocam em parte deformações permanentes em parte deformações elásticas. Ou seja, quando se imprime uma intensidade de força em um corpo dinamoscópico pertencente à classe das deformações elásticas parciais, estes sofrem uma deformação; e na ausência dessas forças, os referidos corpos dinamoscópicos não se restituem totalmente ao seu estado primitivo. Isto significa que a força imprimida em sistemas dinamoscópicos de tal natureza não permanece totalmente armazenada em estado de força elástica, mas apenas uma parte, que corresponde exatamente àquela que provoca a restituição parcial do corpo dinamoscópico semielástico.

A força elástica dissipada causa, fundamentalmente, uma deformação permanente no corpo dinamoscópico semielástico; por outro lado, a força elástica que permanece armazenada no referido corpo, provoca a restituição do mesmo. Como a deformação elástica é parcial, então a força elástica armazenada também é parcial.

A dissipação da força no corpo dinamoscópico é tanto maior, quanto maior for a diferença entre a intensidade de força imprimida integralmente na deformação resultante pela intensidade de força elástica que permanece armazenada no sistema dinamoscópico. Portanto, quando o corpo dinamoscópico atinge certo estágio de deformação elástica, onde parte da força permanece armazenada, toda restante de intensidade de força aplicada no sistema é dissipada para o meio. A intensidade de força imprimida no corpo dinamoscópico com o decorrer do tempo permanece estacionária; pois, a intensidade de força que vai sendo dissipada cede lugar a intensidade de força, que vai sendo impressa. Diz-se então, ter-se estabelecido um *equilíbrio dinamoscópico de regime*.

Na figura que se segue, apresento o gráfico da força aplicada em um corpo dinamoscópico semielástico em função do tempo. Partindo do valor inicial (fi), a força elevar-se-á até atingir a força de regime (fr).

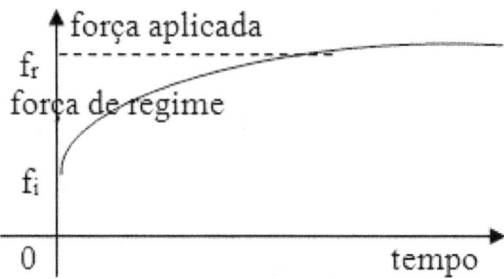

3. Gráfico da força aplicada em um corpo dinamoscópico semielástico em função do tempo.

Considerando a força de ruptura de um corpo dinamoscópico semielástico em relação à força de regime, têm-se dois casos a considerar:

a) A força de ruptura de um corpo dinamoscópico semielástico (f_t) é superior à força de regime (f_r).

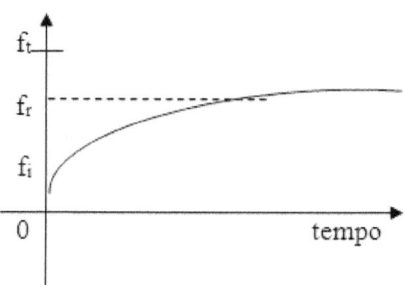

A força de ruptura é superior à força de regime

Neste caso, o sistema dinamoscópico atingindo mais ou menos rapidamente sua intensidade de força de regime, se mantém nestas condições, enquanto permanecer constante a intensidade do fluxo dinamoscópico dissipado na deformação das partes.

b) A força de ruptura de um corpo dinamoscópico semielástico (f_t) é inferior à força de regime (f_r).

Aumentando-se a intensidade do fluxo dinamoscópico das partes, o corpo dinamoscópico semielástico se deforma em demasia até atingir o ponto (F), após certo tempo (t').

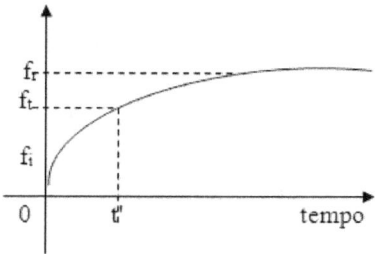

A força de ruptura é inferior à força de regime

Nestas condições, ocorre a ruptura do corpo dinamoscópico. Por esse motivo, deve-se indicar em um corpo dinamoscópico, além de sua dissipalidade, outra característica fundamental: a máxima intensidade que ele pode dissipar. Existem corpos dinamoscópicos semielásticos de baixo ponto de ruptura, com fios de chumbo e estanho, denominados em dinamoscopia de ruptíveis, que, ao ser impresso por uma força de intensidade maior que certo valor, se rompe. Os ruptíveis devem ser colocados em série com os instrumentos de um sistema. Ao se romperem, interrompem a ação da força, protegendo os instrumentos dinamoscópicos do sistema, evitando que sejam danificados por excesso de intensidade de forças. Assim, apresenta aplicabilidade em balanças ou dinamômetros ultrassensíveis; pois, quando respectivamente uma massa ou força ultrapassa um determinado limite os ruptíveis se rompem, evitando, assim, estragos maiores.

4. Conservação da Força num Material Dinamoscópico Semielástico

A possibilidade da força aplicada sobre um material dinamoscópico semielástico, permanece armazenada no sistema sob o módulo de força elástica, está muito longe de ser uma realidade.

Toma-se então um corpo dinamoscópico semielástico; isto é, um corpo dinamoscópico pertencente à classe da elasticidade parcial, aplicando sobre ele lentamente uma força. Nessas condições, a força aplicada logo no princípio da deformação obedece à lei de Hook. Posteriormente, a intensidade da força imprimida deixa de variar numa proporção com a deformação, para permanecer numa intensidade constante, embora o corpo dinamoscópico semielástico sofra uma deformação cada vez maior. Este fato será posteriormente explicado, tendo em vista que a força dissipada é substituída pela força aplicada no corpo dinamoscópico.

Na referida descrição pode-se verificar que os corpos dinamoscópicos de elasticidade parcial poderiam ser classificados juntamente com os corpos dinamoscópicos pertencentes à classe de elasticidade perfeita; pois, os corpos de elasticidade perfeita também apresentam um limite elástico, onde as deformações não obedecem à lei de Hook. Porém, existe uma distinção bem clara que reza as seguintes qualidades:

O campo que compreende o limite elástico de um corpo dinamoscópico semielástico é muito pequeno, comparado com o campo de um corpo dinamoscópico, enquadrado, na classe da elasticidade perfeita. De tal modo nos corpo dinamoscópicos elásticos, caso que não ocorre em um corpo dinamoscópico ideal, cuja intensidade muito alta de força, produz deformações perfeitamente elásticas; sem causar qualquer deformação permanente; pois o campo que compreende o limite elástico é muito grande.

Bem, voltando ao tema principal do estudo da conservação da força, verifica-se que à medida que o corpo dinamoscópico vai sofrendo uma deformação, a intensidade de força imprimida permanece constante; ou seja, a cada momento o corpo dinamoscópico sofre uma deformação cada vez maior, embora não seja necessário imprimir uma intensidade de força cada vez maior. Isto significa que a força que provoca a deformação desse corpo dinamoscópico foi de algum modo dissipada; e, portanto a força imprimida no processo de deformação permanente não é armazenada sob o módulo da força elástica, mas sim dissipada, e, portanto não existe força elástica armazenada no sistema, logo ele não tem força elástica para provocar sua restituição. Porém, nos corpos dinamoscópicos semielástico, uma parte permanece armazenada e, portanto somente uma parte da deformação do sistema e que se restitui, a partir do momento em que a força imprimida no sistema, deixa de atuar.

Supondo-se então que, a extremidade onde a força encontra-se sendo aplicada, seja afixada em um referencial em repouso. Nesse caso, mantendo-se a deformação em repouso, em longo prazo, verifica-se que a força elástica parcialmente armazenada tende a dissipar-se totalmente, de tal forma, que quando o sistema seja liberto, o corpo não se restitui de nenhum modo ao seu estado primitivo. E não se restituindo, ele não apresenta nenhum grau de força armazenada.

Portanto, a força elástica armazenada em um sistema dinamoscópico semielástico, está longe de ser conservada.

5. Relação Entre as Deformações Permanentes e as Forças Dissipadas

Pode-se verificar experimentalmente que, ao afixar um corpo dinamoscópico de comprimento inicial e de secção reta uniforme, por meio de uma de suas extremidades a um referencial inercial. Quando for impresso um "quantum" de intensidade de força por intermédio de um dinamômetro isolado, esse corpo consequentemente passará a sofrer uma deformação analisada em função do referencial inercial.

Quando a intensidade do "quantum" da força é integralmente imprimida e descarregada sob o corpo dinamoscópico dissipados, o sistema entre em repouso.

Passando a analisar os resultados obtidos na referida experiência, verifica-se que o corpo dinamoscópico semielástico restitui-se apenas parcialmente; permanecendo uma parte sob o estágio de deformação permanente e uma parte em estágio de deformação elástica. Verifica-se ainda, que apenas uma parte da intensidade do "quantum" da força imprimida e descarregada sobre o corpo dinamoscópico e que realmente permanece presente no intervalo que compreende a deformação elástica, sendo que o restante da intensidade do "quantum" foi dissipado no intervalo que compreende as deformações permanentes.

Do mesmo modo, ao imprimir outro "quantum" de força cuja intensidade é igual ao da primeira experiência. Verifica-se que o corpo dinamoscópico semielástico passará a sofrer uma nova deformação.

Analisando essa deformação, que na realidade é um prosseguimento da primeira; verifica-se novamente aqui, que o corpo dinamoscópico semielástico restitui-se apenas parcialmente; uma parte permanecendo sob o estágio de deformação permanente e a outra parte correspondente à deformação do sistema permanece sob o estágio de deformação elástica. Verifica-se também, que apenas uma parte da intensidade do "quantum" da força imprimida sobre o corpo dinamoscópico semielástico, é que realmente encontra-se presente no sistema dinamoscópico e localiza-se no intervalo que compreende a deformação elástica. Observa-se que essa deformação é igual a primeira e a força elástica presente nesse intervalo, também é igual à intensidade correspondente àquela encontrada na primeira experiência. Verifica-se ainda que, a deformação permanente resultante nessa segunda experiência é igual à resultante da primeira experiência, e a intensidade de força dissipada no processo dessa deformação permanente também é igual à intensidade da força dissipada no processo da deformação permanente correspondente à primeira experiência.

O mesmo fenômeno tornar-se-á a ocorrer com uma terceira, uma quarta experiência e assim sucessivamente, com as deformações permanentes e as força armazenadas, correspondendo igualmente aos resultados dos fenômenos verificados nas experiências anteriores.

Realizando novas experiências, porém com o dobro da intensidade do "quantum" da força imprimida nos corpos dinamoscópicos das experiências anteriores; pode-se observar a princípio uma deformação do referido corpo dinamoscópico. Ao analisar essa deformação verifica-se que aqui, novamente, o corpo dinamoscópico semielástico restitui-se apenas parcialmente, permanecendo uma parte da deformação sob o estágio de deformação permanente e uma parte da deformação sob o estágio de deformação elástica. Verifica-se ainda, que apenas uma parte da intensidade do "quantum" da força aplicada no corpo dinamoscópico permanece presente no intervalo que compreende a deformação elástica. Nesta parte da experiência verifica-se que, embora a intensidade do "quantum" da força tenha aumentado, o intervalo que compreende a deformação elástica corresponde igualmente ao intervalo da deformação elástica das experiências anteriores. E a força não dissipada; ou seja, a força elástica presente nesta experiência também, é igual à força elástica resultante das experiências anteriores.

Já na análise da parte que se refere à deformação permanente, verifica-se que a parte em falta, correspondente a intensidade do "quantum" da força imprimida no corpo dinamoscópico é dissipada no intervalo que compreende o processo de deformação permanente. Nesta parte da experiência verifica-se que, embora a intensidade do "quantum" da força aplicada tenha sido duplicada, o intervalo que compreende a deformação ultrapassa o limite de uma simples duplicação. E a força dissipada, ou seja, a força ausente no corpo dinamoscópico desta experiência também, ultrapassa o limite de uma simples duplicação. Porém este fenômeno é facilmente explicado tendo em vista que o intervalo que compreende a deformação elástica é constante, conjuntamente com a intensidade de força elástica presente nesse intervalo. Essa deformação depende da estrutura do material que constitui o corpo dinamoscópico.

Repetindo-se a presente experiência tantas vezes o quanto se desejar, o mesmo fenômeno será verificado; com o intervalo que compreende a deformação elástica e a força resultante nesse intervalo permanecendo constante e invariável. E o intervalo que compreende a deformação permanente corresponde sempre à força dissipada no processo dessa deformação. Ou seja, nas experiências anteriores no intervalo que corresponde às deformações permanentes de um corpo dinamoscópico verifica-se que o referido corpo sofre deformações permanentes iguais em intensidade de forças dissipadas iguais. Desse modo a relação existente entre a força dissipada e a deformação permanente resultante é uma constante. Costuma-se também afirmar, de outra maneira, que as deformações permanentes resultantes são diretamente proporcionais às intensidades de forças dissipadas no processo dessa deformação.

Durante o primeiro intervalo da deformação permanente, esta passou de (υ_0) para (υ_1), ou seja, variou de $(\Delta \upsilon = \upsilon_1 - \upsilon_0)$; e a força dissipada no processo dessa deformação permanente passa de (σ_0) para (σ_1), isto é, variou de $(\sigma_1 - \sigma_0 = \Delta\sigma)$. Analogamente, pode-se seguir tal procedimento com relação às demais deformações permanente $(\Delta\upsilon_2, \Delta\upsilon_3, \Delta\upsilon_4..., \Delta\upsilon_{n-1}, \Delta\upsilon_n)$, oriundas das forças dissipadas durante esse processo.

Desse modo, de acordo com a definição, obtém-se:

$$\sigma_1 - \sigma_0/\Delta\upsilon_1 = \sigma_2 - \sigma_1/\Delta\upsilon_2 = ... = \sigma_n - \sigma_{n-1}/\Delta\upsilon_n \equiv \text{constante} \equiv K$$

Ou então, fazendo:

$$\sigma_1 - \sigma_0 = \Delta\sigma_1;\ \sigma_2 - \sigma_1 = \Delta\sigma_2,...$$

Tem-se:

$$\Delta\sigma_1/\Delta\upsilon_1 = \Delta\sigma_2/\Delta\upsilon_2 = ... = \Delta\sigma_n/\Delta\upsilon_n = K$$

A proporção, na realidade, indica que a dissipação dinamoscópica em qualquer trecho da deformação é constante.

Desse modo, considerando um corpo dinamoscópico semielástico, analisado no intervalo que compreende as deformações permanentes, verifica-se, então, que $(\sigma$ e $\sigma + \Delta\sigma)$ correspondem às forças instantâneas dissipadas no processo de deformação (υ) e $(\upsilon + \Delta\upsilon)$, respectivamente. Define-se dissipação dinamoscópica média (γ_m) no intervalo que compreende a deformação $(\Delta\upsilon)$ pelo quociente:

$$\gamma_m = \Delta\sigma/\Delta\upsilon$$

"Em regime de deformação permanente, as forças dissipadas são diretamente proporcionais às respectivas deformações permanentes".

A referida lei é válida para todos os tipos de deformações dentro dos limites das deformações permanentes. E deixa de ser válida quando atinge o limite de ruptura.

A constante (γ_m) é o valor da constante de proporcionalidade é característica do material dinamoscópico, é chamada dissipação dinamoscópica média.

A dissipação dinamoscópica e a grandeza que mede a força dissipada no processo de deformação do sistema. Quanto maior for a força dissipada maior é a dissipação dinamoscópica; e quanto maior for a deformação permanente menor é a dissipação dinamoscópica.

6. Primeira Equação da Força Imprimida num Corpo Dinamoscópico Semielástico

Em um sistema dinamoscópico parcialmente elástico, parte da força imprimida na deformação integral do sistema, é dissipada e parte da força permanece armazenada, sob o módulo de força elástica.

Portanto a força aplicada no corpo dinamoscópico parcialmente elástico, é analisado sob o ponto de vista da força dissipada e sob o ponto de vista da força elástica que permanece conservada no sistema.

Passarei então, a estudar a força aplicada caracterizada, pela força dissipada e pela força elástica, considerando para tanto um corpo dinamoscópico semielástico qualquer.

Sabe-se que um corpo dinamoscópico pertence à classe das deformações plásticas necessitadas no processo de sua deformação permanente, dissipador integralmente a força imprimida.

Pode-se verificar experimentalmente que existe uma relação de proporção direta entre a força dissipada utilmente por um corpo dinamoscópico plástico (σ) e a deformação permanente (υ) provocada. Pode-se então escrever:

$$\sigma = \gamma \cdot \upsilon \to \sigma/\upsilon = \gamma$$

Nesta relação, (γ) caracteriza a constante de proporção direta entre (σ) e (υ); essa constante é denominada por dissipação dinamoscópica, que é uma característica do corpo dinamoscópico plástico.

Torna-se importante frisar que a dissipação dinamoscópica (γ) é uma grandeza que apresenta dimensão de força e comprimento; ou seja, é medida no sistema internacional (S.I.) em:

$$\gamma = \sigma/\upsilon; \text{ S.I.} \to N/m$$

$$\gamma = \sigma/\upsilon; \text{ S.I.} \to d/cm$$

Sabe-se ainda que um corpo dinamoscópico pertencente à classe das deformações perfeitamente elásticas necessita no processo de sua deformação perfeitamente elástico, armazenar integralmente a força imprimida.

Pode-se verificar experimentalmente que existe uma relação de proporção direta entre a força armazenada sob o módulo de força elástica (f) e a deformação elástica (l) resultante. Pode-se então escrever:

$$f = K \cdot l \to f/l = K$$

Nesta relação, (K) caracteriza a constante de proporção direta entre (f) e (l); essa constante é denominada por constante elástica do corpo dinamoscópico e é também uma característica do corpo dinamoscópico perfeitamente elástico.

Novamente torna-se importante frisar que a constante elástica do corpo dinamoscópico (K) é uma grandeza que também apresenta dimensão de força e comprimento. Ou seja, as unidades de dissipação dinamoscópica (γ) correspondem igualmente às unidades de constantes elásticas do corpo dinamoscópico (K).

Forças envolvidas num corpo dinamoscópico semielástico

Sabe-se que um corpo dinamoscópico plástico necessita no processo de sua deformação permanente, dissipar integralmente a força imprimida no sistema, que é dado por:

$$\sigma = \gamma \cdot \upsilon$$

A força imprimida no corpo dinamoscópico deve ser integralmente dissipada, supondo-se obviamente que não ocorra qualquer armazenamento no processo de deformação. Designarei então por (F) a intensidade de força integralmente imprimida no corpo dinamoscópico. Se considerar então um sistema elástico onde uma intensidade de força somente esteja sendo impressa num único corpo dinamoscópico plástico - não havendo outro elemento no sistema elástico, além dos dois - pode-se dizer que a força imprimida integralmente (F) é exatamente igual à força dissipada (σ) por um corpo dinamoscópico plástico.

$$F = \sigma$$

Então se tem:

$$F = \gamma \cdot \upsilon$$

Na realidade (F) constitui a força integralmente imprimida que o corpo dinamoscópico plástico deveria dissipar no processo de deformação permanente. Entretanto, nos corpos dinamoscópicos semielásticos, isso não acontece, pois apenas uma parte dessa intensidade de força integralmente imprimida é realmente dissipada. Esse fato ocorre porque todo e qualquer corpo dinamoscópico semielástico apresenta uma intensidade elástica - devida a parcialidade elástica - na qual ocorrerá um armazenamento de força, sob o módulo de força elástica. Dessa forma designando a força elástica armazenada no corpo dinamoscópico semielástico por f, tem-se:

$$f = K . l$$

Com isso, a intensidade de força realmente imprimida em um corpo dinamoscópico semielástico, a qual foi designada por (F), e denominada por força imprimida em um corpo dinamoscópico semielástico é dada por:

$$F = \sigma + f$$

Ou ainda substituindo o valor de (σ) e (f), por:

$$F = \gamma . \upsilon + K . l$$

A referida expressão traduz a força integralmente imprimida no processo de deformação dos corpos dinamoscópicos pertencente à classe das deformações parcialmente elásticas.

7. Primeira Equação da Deformação Integral de um Corpo Dinamoscópico Semielástico

O mesmo raciocínio utilizado na dedução da equação da força integralmente imprimida em um corpo dinamoscópico semielástico, segue-se para a análise da deformação integral de um corpo dinamoscópico semielástico.

Sabe-se que um corpo dinamoscópico semielástico apresenta intervalos com deformações permanentes e intervalos com deformações elásticas.

Como se verificou, uma parte da força imprimida no corpo dinamoscópico é dissipada e provoca deformações permanentes e o restante da força aplicada permanece armazenado no intervalo que compreende as deformações elásticas.

É função do presente item, analisar a equação da deformação integral e um corpo dinamoscópico semielástico.

Sabe-se que um corpo dinamoscópico plástico, dissipa integralmente a força imprimida, no processo de deformação permanente que é dado por:

$$\upsilon = \sigma/\gamma$$

A deformação resultante no corpo dinamoscópico deve ser integralmente permanente, supondo-se obviamente que não ocorra qualquer deformação elástica. Designarei então por (L) a deformação total resultante da ação da força imprimida no corpo dinamoscópico. Se considerar então um sistema dinamoscópico, cuja deformação esteja sendo provocada num único corpo dinamoscópico plástico - não havendo nenhum outro corpo dinamoscópico, além dos dois - pode-se afirmar que a deformação integralmente resultante (L) é exatamente igual à deformação permanente (υ) resultante em um corpo dinamoscópico plástico:

$$L = \upsilon$$

Então, tem-se:

$$L = \sigma/\gamma$$

Na realidade (L) constitui na deformação resultante de um corpo dinamoscópico plástico; essa deformação permanente corresponde exatamente à deformação integral do sistema. Entretanto, nos corpos dinamoscópicos semielástico isso não ocorre, pois apenas uma parte dessa deformação resultante, é realmente permanente. Esse fenômeno ocorre porque todo e qualquer corpo dinamoscópico semielástico apresenta em parte deformações elásticas e em parte deformações permanentes. E é exatamente essa parcialidade elástica que caracteriza a deformação semielástica. Desse modo designando a deformação elástica resultante em um corpo dinamoscópico semielástico por (l), tem-se:

$$l = F/K$$

Assim, a deformação total, realmente resultante em um corpo dinamoscópico semielástico, a qual foi designada por L, e denominada por deformação integral de um corpo dinamoscópico semielástico é dada por:

$$L = \upsilon + l$$

Ou seja, a deformação integral de um corpo dinamoscópico é igual à deformação permanente que resulta somada com a deformação elástica que resulta.

Ou ainda, substituindo o valor de (υ) e (l), por:

$$L = \sigma/\gamma + f/K$$

A referida equação traduz a deformação integral de um corpo dinamoscópico pertencente à classe das deformações parcialmente elásticas.

8. Plasticidade

Toda vez que um corpo dinamoscópico plástico for submetido à ação de uma força, sua deformação permanente varia de acordo com a intensidade dessa força imprimida e dissipada.

A variação dessa deformação permanente varia de corpo dinamoscópico plástico para corpo dinamoscópico plástico. E nestes corpos quanto maior for a deformação permanente que podem sofrer sob a ação de mesma intensidade de força, maior será a placidez desses corpos dinamoscópicos plásticos. Ou seja, diferentes corpos dinamoscópicos plásticos dissipam a mesma intensidade de força e, no entanto sofrem deformações permanentes distintas. E quanto maior for a deformação permanente que pode sofrer, numa menor intensidade de força dissipada, maior será a placidez do material dinamoscópico plástico.

A esse fenômeno dá-se a denominação de intensidade de placidez do material dinamoscópico. Desse modo a placidez é uma grandeza associada à deformação permanente e mede a variação da deformação permanente de um corpo dinamoscópico plástico sob a ação da força dissipada.

Em um mesmo corpo dinamoscópico plástico, a intensidade de placidez permanece constante, pois o corpo sofre deformações permanentes iguais em intensidade de forças dissipadas iguais; ou seja, a intensidade de placidez dos corpos dinamoscópicos plásticos na intensidade de força dissipada, apresentam valores numericamente iguais. Quando isso ocorre afirma-se que a intensidade de placidez é constante com a intensidade de força dissipada. Em outras palavras, pode-se afirmar que a intensidade de placidez é constante quando a deformação do corpo dinamoscópico aumenta em comprimentos iguais por intensidade de forças iguais.

A intensidade de placidez é tanto maior quanto maior for a deformação permanente sofrida pelo corpo dinamoscópico e é tanto menor quanto maior for a intensidade de força dissipada no processo de deformação permanente.

Seja qual for a intensidade de força dissipada no processo de deformação permanente que se considere, a intensidade de placidez permanece constante. Isto se deve ao simples fato da deformação permanente resultante, ser diretamente proporcional à intensidade de força dissipada.

Assim, é possível estabelecer a lei da intensidade de placidez, cujo enunciado reza as seguintes qualidades:

"Nos limites de deformação permanente, a intensidade de placidez é igual ao quociente da deformação permanente que re-

sulta, inversa pela intensidade da força dissipada no processo dessa deformação".
Simbolicamente é expressa por:

$$p = \upsilon/\sigma$$

Esta é a expressão matemática que traduz a chamada lei da intensidade de placidez; onde a letra p representa simbolicamente a placidez da deformação de um corpo plástico.
O ouro e o chumbo são elementos que apresentam altas intensidades de placidez.

9. Segunda Equação da Força Imprimida em um Corpo Dinamoscópico Semi-Elástico

Em um corpo dinamoscópico semielástico, parte da força é dissipada no processo de deformação permanente e parte é conservada no processo de deformação elástica.
Sabe-se que um corpo dinamoscópico pertencente à classe das deformações plásticas necessita no processo de sua deformação permanente; dissipar integralmente a força imprimida.
Verifica-se experimentalmente que existe uma relação de proporção direta entre deformação permanente (υ) que um corpo dinamoscópico sofre, pela ação da força dissipada (σ) no processo dessa deformação permanente. Pode-se então escrever:

$$\upsilon/\sigma = p \rightarrow \upsilon = p \cdot \sigma$$

Nesta relação, p caracteriza a constante de proporção direta entre (υ) e (σ); essa constante é denominada por intensidade de placidez do material dinamoscópico, que é uma característica do corpo dinamoscópico plástico.
É importante notar que a intensidade de placidez é medida no sistema internacional (S.I.) em Leandro:

$$p = \upsilon/\sigma; \text{ S.I.} \to \varepsilon$$

$$p = \upsilon/\sigma; \text{ S.I.} \to \mu\varepsilon$$

Sabe-se ainda que um corpo dinamoscópico pertencente à classe das deformações perfeitamente elásticas necessita no processo de sua deformação elástica; conservar integralmente a força imprimida.

Pode-se verificar experimentalmente que existe uma relação de proporção direta entre a deformação elástica que o corpo dinamoscópico sofre e a força armazenada sob o módulo de força elástica. Então se pode escrever:

$$l/f = i \quad \to \quad l = f \cdot i$$

Nesta relação a constante (i) caracteriza a proporção direta entre (l) e (f); essa constante é denominada por: intensidade elástica e é uma característica do corpo dinamoscópico perfeitamente elástico.

Novamente torna-se importante observar que a intensidade elástica do corpo dinamoscópico (i) é uma grandeza que também apresenta dimensão do Leandro. Ou seja, as unidades de intensidade elástica correspondem igualmente às unidades de intensidade de placidez.

10. Forças Envolvidas Num Corpo Dinamoscópico Semielástico

Sabe-se que um corpo dinamoscópico plástico, necessita dissipar integralmente a força imprimida no processo de deformação permanente; e essa força dissipada é dada por:

$$\sigma = \upsilon/p$$

Naturalmente, a força imprimida no corpo dinamoscópico plástico é integralmente dissipada, supondo-se obviamente que não ocorra qualquer armazenamento no processo de deformação. Designarei então por (F) a intensidade de força integralmente imprimida no corpo dinamoscópico. Se considerar então um sistema elástico onde a intensidade de força somente esteja sendo impressa num único corpo dinamoscópico plástico - não havendo outro elemento no sistema elástico, além dos dois - pode-se dizer que a força integralmente imprimida (F) é exatamente igual à força dissipada (σ) por um corpo dinamoscópico plástico:

$$F = \sigma$$

Então, tem-se:

$$F = \upsilon/p$$

Na verdade (F) constitui a força integralmente imprimida e dissipada por um corpo dinamoscópico plástico no processo de deformação permanente. Entretanto, nos corpos dinamoscópicos semielásticos, isso não ocorre, pois apenas uma parte da intensidade de força integralmente imprimida, é realmente dissipada. Esse fato é verificado porque todo e qualquer corpo dinamoscópico semielástico apresenta uma intensidade elástica e uma placidez - devido à parcialidade elástica - na qual ocorrerá um armazenamento de força sob o módulo de força elástica. Desse modo designando a força elástica armazenada no corpo dinamoscópico semielástico por (f), tem-se:

$$f = l/i$$

Com isso, a intensidade de força resultante imprimida em um corpo dinamoscópico semielástico, a qual foi designada por

(F) e denominada por força imprimida em um corpo dinamoscópico semielástico é dada por:

$$F = \sigma + f$$

Ou seja, a força integralmente imprimida em um corpo dinamoscópico semielástico é igual à soma entre a força dissipada e a força que permanece armazenada no referido corpo dinamoscópico.

Ou ainda substituindo o valor de (σ) e (f) por:

$$F = \upsilon/p + l/i$$

A referida equação traduz a intensidade de força integralmente imprimida em um corpo dinamoscópico semielástico.

11. Segunda Equação da Deformação Integral de um Corpo Dinamoscópico Semielástico

Quando se imprime uma força num corpo dinamoscópico semielástico, este passa a sofrer deformação permanente e deformação elástica.

Neste item passarei a analisar a chamada segunda equação da deformação integral de um corpo dinamoscópico semielástico.

Sabe-se que um corpo dinamoscópico plástico, adquire deformação permanente dissipando integralmente a força imprimida. Essa deformação permanente é dada por:

$$\upsilon = p \cdot \sigma$$

A deformação resultante no referido corpo dinamoscópico deve ser integralmente permanente supondo-se obviamente que não ocorra qualquer deformação elástica. Designarei então por (L) a deformação total resultante da ação da força imprimida no corpo dinamoscópico. Se considerar então um sistema dinamoscópico, cuja deformação esteja sendo provocada num único corpo dinamoscópico plástico - não havendo nenhum outro corpo dinamoscópico, além dos dois - pode-se afirmar que a deformação integralmente resultante (L) é exatamente igual à deformação permanente (υ) resultante em um corpo dinamoscópico plástico.

$$L = \upsilon$$

Então, tem-se:

$$L = p \cdot \sigma$$

Na realidade (L) constitui na deformação resultante de um corpo dinamoscópico plástico; essa deformação permanente corresponde exatamente à deformação integral do sistema. Entretanto, nos corpos dinamoscópicos semielásticos isso não ocorre, pois apenas uma parte dessa deformação resultante, é realmente permanente. Esse fenômeno ocorre porque todo e qualquer corpo dinamoscópico semielástico apresenta em parte deformações elásticas e em parte deformações permanentes. E é exatamente essa parcialidade elástica que caracteriza a deformação semielástica. Desse modo designando a deformação elástica resultante em um corpo dinamoscópico semielástico por (l), tem-se:

$$l = i \cdot f$$

Desse modo, a deformação integral resultante em um corpo dinamoscópico semielástico; a qual foi designada por (L), e denominado por deformação integral de um corpo dinamoscópico semielástico é dada por:

$$L = \upsilon + l$$

Ou seja, a deformação integral de um corpo dinamoscópico semielástico é igual à deformação permanente que resulta somada com a deformação elástica que resulta.

Ou ainda, substituindo o valor de (υ) e (l), por:

$$L = p . \sigma + i . f$$

Esta é a segunda equação que traduz a deformação integral de um corpo dinamoscópico semielástico.

12. Relação entre a Constante de um Corpo Dinamoscópico Semielástico

A - Constante Genérica das Primeiras Equações

Sabe-se pela primeira equação da força imprimida em um corpo dinamoscópico semielástico e pela primeira equação da deformação integral de um corpo dinamoscópico semielástico; só aparecem duas constantes que são as seguintes:

a) constante denominada por dissipação dinamoscópica (γ)

b) constante denominada por constante elástica do corpo dinamoscópico (K).

A soma dessas duas constantes resulta numa constante genérica. Essa constante resultante da soma das duas primeiras é denominada por constante genérica das primeiras equações.
Simbolicamente:

$$W = \gamma + K$$

Ou seja, a soma entre a dissipação dinamoscópica e a constante elástica do material dinamoscópico têm como resultado final uma constante genérica das primeiras equações.
Sabendo-se que:

$$\gamma = \sigma/\upsilon$$

$$K = f/l$$

Substituindo convenientemente nos resultados da constante genérica das primeiras equações, obtém-se:

$$W = \sigma/\upsilon + f/l$$

B - Constate Genérica das Segundas Equações

Sabe-se pela segunda equação da força imprimida integralmente em um corpo dinamoscópico semielástico; e sabe-se que pela segunda equação da deformação integral de um corpo dinamoscópico semielástico, nestas duas leis aparecem apenas duas constantes, que são as seguintes:

a) constante denominada por intensidade de placidez (p)

b) e constante denominada por intensidade elástica (i).

A soma dessas duas constantes resulta numa constante genérica. Essa constante resultante soma das duas primeiras é denominada por constante genérica das segundas equações.
Simbolicamente:

$$\gamma = p + i$$

Sabendo-se que:

$$p = \upsilon/\sigma$$

$$i = l/f$$

Substituindo convenientemente no resultados na equação da constante genérica das segundas equações, obtém-se:

$$\gamma = \upsilon/\sigma + l/f$$

O produto entre as duas constantes genéricas, resulta:

$$W \cdot \gamma = (\gamma + K) \cdot (p + i)$$

O produto entre (γ) e (K) resulta numa constante genérica (V), portanto:

$$V = \gamma \cdot K$$

O produto entre (p) e (i) resulta numa constante genérica (X), portanto:

$$X = p \cdot i$$

O produto entre (V) e (X), resulta no seguinte:

$$X \cdot V = \gamma \cdot K \cdot p \cdot i$$

Como se sabe:

$$\gamma = \sigma/\upsilon;\ K = f/l;\ p = \upsilon/\sigma \text{ e } i = l/f$$

Substituindo convenientemente, obtém-se:

$$X \cdot V = \sigma \cdot f \cdot \upsilon \cdot l/\upsilon \cdot l \cdot \sigma \cdot f$$

Eliminando os termos em evidência, tem-se:

$$X \cdot V = 1$$

Leandro Bertoldo
Elasticidade, Vol. V, Conceitos Gerais

CAPÍTULO XIII
Noção de Semielásticos

1. Introdução

Existem corpos dinamoscópicos que adquirem deformações permanentes e deformações elásticas, simultaneamente. Ou seja, ao aumentar a intensidade da força imprimida, as deformações elásticas aumentam, conjuntamente com o aumento das deformações permanentes.

Esses corpos dinamoscópicos são classificados como pertencentes a classe das deformações parciais, e os exemplos são as tiras de borrachas de secção reta e uniforme; certas resinas elásticas de origem vegetal, etc.

Denomina-se corpos dinamoscópicos semielásticos todo dispositivo dinamoscópico capaz de dissipar e armazenar forças, desde que não seja exclusivamente dissipada ou armazenada. Nessas condições esses corpos dinamoscópicos adquirem deformações permanentes e deformações elásticas. Portanto, quando um corpo dinamoscópico semielástico de uma deformação por tração é impresso por uma intensidade de "quantum" de força, haverá uma queda na força sob o módulo de força elástica; essa força é utilizada pelo corpo dinamoscópico semielástico no processo de deformação permanente que ele efetua. Os corpos dinamoscópicos semielásticos sempre sofrem no mesmo sentido da força, uma deformação seja ela permanente ou elástica.

2. Classificação

Os corpos dinamoscópicos semielásticos podem ser classificados de acordo com a forma fundamental de dissipação e armazenamento de forças neles imprimidos. Evidentemente, na classificação não se considera a deformação resultante, pois esta sempre corresponde, qualquer que seja o corpo dinamoscópico semielástico, ao processo de dissipação ou armazenamento. Ou seja, a força dissipada corresponde sempre ao processe de deformação permanente e a força elástica conservada corresponde sempre ao processo de deformação elástica que resulta. Então se podem citar, como exemplos, os corpos dinamoscópicos semielásticos classificados fundamentalmente em:

a) corpos dinamoscópicos semielásticos de deformação bipartidos. São aqueles que apresentam a princípio uma deformação elástica que após atingir certo limite, mantém constante a deformação elástica e passam a sofrer uma deformação permanente. Na ausência da força, apenas a deformação corresponde à deformação elástica é quem se restitui.

b) Corpos dinamoscópicos semielásticos de deformações simultâneas. São aqueles que ao serem submetido a uma tração, passam a sofrer deformações elásticas e deformações permanentes simultaneamente. Ao ser submetido à ação de uma intensidade de força cada vez maior, sofrem novamente e simultaneamente uma deformação permanente e uma deformação elástica cada vez maior.

Como os corpos dinamoscópicos necessitam, para efetuar a deformação, dissipar e armazenas forças, é evidente que seu efeito encontra-se condicionado à presença de um dinamômetro capacitor isolado, que fornece a ação da força no sistema em que se encontram.

3. Dissipadores

Considere vários corpos dinamoscópicos semielásticos de deformações simultâneas, associados de uma maneira qualquer.

Sabe-se que numa tração, quando uma intensidade de força é impressa em um corpo dinamoscópico de tal característica ocorre, por parte da força uma dissipação, que pode facilmente ser evidenciada pela deformação permanente sofrida pelo corpo dinamoscópico semielástico (dissipação de força por intermédio de efeitos dinamoscópicos). Portanto, se almejar manter uma intensidade de força sendo dissipada constantemente na associação constituída, é necessário ter um dispositivo que fornece a força necessária para suprir aquela que foi dissipada no processo de deformação permanente. Os dispositivos que provocam a dissipação das forças imprimidas recebem a denominação de "dissipadores", que é um corpo dinamoscópico que apresentam deformações plásticas. Sua atuação consiste em dissipar totalmente a intensidade de foça imprimida no corpo dinamoscópico. Evidentemente, esse efeito efetuado pelos dissipadores constitui uma das poucas maneiras de dissipar a ação de uma força. Naturalmente nos corpos dinamoscópicos semielásticos essa dissipação é parcial.

Os dissipadores sempre sofrem deformações permanentes cujo sentido coincide com o sentido da ação da força imprimida.

Os dissipadores em geral podem ser classificados de acordo com a origem da força dissipada, que apresenta sempre como produto resultante uma deformação permanente.

4. Segunda Lei de Leandro Generalizada

Considere o ramo (AB) de um sistema dinamoscópico, contendo associados em série um corpo dinamoscópico perfeitamente elástico (i), um corpo dinamoscópico dissipador (p) e um corpo dinamoscópico semielástico (i, p). De acordo com o esquema da seguinte figura:

$$\Delta L \overline{AB}$$

Nessas condições, como se trata de uma associação em série, sabe-se então que a variação de deformação entre seus terminais é igual à soma das variações das deformações parciais entre os terminais de cada bipolo associado, ou seja:

$$L_B - L_A = (L_M - L_A) + (L_N - L_M) + (L_B - L_N)$$

Verifica-se que o referido ramo do sistema dinamoscópico apresenta um corpo dinamoscópico perfeitamente elástico (i); um corpo dinamoscópico dissipador (p) e um corpo dinamoscópico parcialmente elástico (i, p).

Tomando as variações de deformações parciais entre os terminais de cada bipolo, têm-se as seguintes deformações:

a) No corpo dinamoscópico perfeitamente elástico tem-se: $(L_M - L_A = i \cdot f)$

b) No corpo dinamoscópico dissipador tem-se: $(L_M - L_N = p \cdot \sigma)$

c) No corpo dinamoscópico semielástico tem-se: $(L_B - L_N = p' \cdot \sigma' + i' \cdot f')$

Portanto, substituindo convenientemente esses valores em $(L_B - L_A)$, resulta que:

$$L_B - L_A = (i \cdot f) + (p \cdot \sigma) + (p' \cdot \sigma' + i' \cdot f')$$

Considere neste ramo, a existência de mais corpos dinamoscópicos plásticos elásticos e semielástico associado em série. Denominarei por (Σp) a somatória das intensidades de placidez dos corpos dinamoscópicos dissipados que se encontram na associação e chamarei de (Σi) a somatória das intensidades elásticas dos corpos dinamoscópicos perfeitamente elásticos. Presente na associação. Então a expressão acima, pode ser escrita na seguinte forma:

$$L_B - L_A = f \cdot \Sigma i + \sigma \cdot \Sigma p + \Sigma p' \cdot \sigma' + \Sigma i' \cdot f'$$

Como a variação da deformação equivalente pode ser expressa da seguinte maneira: ($\Delta L_e = L_B - L_A$), então resulta que:

$$\Delta L_e = f \cdot \Sigma i + \sigma \cdot \Sigma p + \Sigma p' \cdot \sigma' + \Sigma i' \cdot f'$$

Essa igualdade é a expressa obtida na generalização da Lei de Leandro.

5. Equação dos Corpos Dinamoscópico Semielásticos

Quando se imprime uma intensidade de força em um corpo dinamoscópico semielástico, a princípio ocorre uma deformação perfeitamente elástica que depois de atingir certo estágio, essa deformação perfeitamente elástica permanece constante e invariável e as deformações que se prosseguirão adiante são perfeitamente plásticas, ou seja, serão deformações permanentes. Então se observa que existe um limite e um ponto que distingue perfeitamente uma deformação da outra.

Esse ponto é denominado por ponto de fronteira. No princípio da deformação de um corpo dinamoscópico semielástico, a deformação é perfeitamente elástica e, portanto existe a presença de uma força sob o módulo elástico, porém com o prosseguimento da deformação desse corpo dinamoscópico, a deformação elástica atinge um limite que permanece constante e invariável. As forças imprimidas a partir desse ponto serão totalmente dissipadas e as deformações serão permanentes.

Então, se dado prosseguimento na dedução da equação da deformação de um corpo dinamoscópico semielástico, sabe-se que a deformação resultante nesses corpos é dada pela seguinte expressão:

$$L = i \cdot f + p \cdot \sigma$$

Entretanto, verifica-se que a deformação perfeitamente elástica de um corpo dinamoscópico semielástico atinge um limite no qual permanece constante.

E sabendo-se que:

$$l = i \cdot f$$

Dessa forma, substituindo convenientemente a última expressão na penúltima, resulta que:

$$L = l + p \cdot \sigma$$

Esta é a chamada equação característica da deformação de um corpo dinamoscópico semielástico.

Uma análise superficial da equação do corpo dinamoscópico semielástico revela claramente que a variação de deformação (ΔL) entre os terminais desse corpo dependerá tão somente da intensidade de força dissipada no processo de deformação, na situação considerada, já que tanto a deformação perfeitamente elástica quanto a intensidade de placidez, são constantes características do corpo dinamoscópico semielástico.

l ≡ constante $\Delta L = f(\sigma)$

$p \equiv$ constante $\Delta L = f(\sigma)$

Passarei a estudar então a dependência de (ΔL) em função de (σ).

a) ($\sigma = 0$) - Quando a intensidade de força dissipada que é impressa no corpo dinamoscópico semielástico é nula, o que ocorre sempre que este não ultrapasse o ponto de fronteira, então se tem:

$$\Delta L = l + p \cdot \sigma$$

Portanto:

$$\Delta L = l$$

Ou seja, a variação de deformação entre os terminais de um corpo dinamoscópico semielástico ultrapassa o ponto de fronteira é igual à sua deformação perfeitamente elástica.

Evidentemente volta-se a obter ($\Delta L = l$) se utilizar um corpo dinamoscópico com intensidade de placidez considerada desprezível ($p = 0$). Nesse caso, a variação de deformação entre os terminais do referido corpo dinamoscópico é sempre constante, pois passa a independer de (σ), tem-se então o chamado corpo dinamoscópico ideal.

Corpo dinamoscópico ideal $\rightarrow p = 0$

$$\Delta L = l + p \cdot \sigma$$

Isto implica que:

$$\Delta L = l$$

Leandro Bertoldo
Elasticidade, Vol. V, Conceitos Gerais

b) ($\sigma > 0$) - Conforme a intensidade da força que é impressa no corpo dinamoscópico semielástico, a variação de deformação entre os seus terminais cresce, já que aumenta a dissipação de força ocorre um aumento na deformação permanente resultante.

$$\sigma \text{ cresce} \rightarrow p \cdot \sigma \text{ cresce} \rightarrow \Delta L \text{ cresce}$$

c) (σ **máximo**) - O valor de (σ) máximo é limitado pelo próprio sistema do qual o corpo dinamoscópico semielástico faz parte. Naturalmente nesse caso, se ($\sigma = \sigma$ máximo), evidentemente ($\Delta L = \Delta L$ máximo).
Como:

$$\Delta L = l + p \cdot \sigma$$

Tem-se:

$$\Delta L_{máx} = l + p \cdot \sigma_{máx}$$

6. Representação Gráfica de um Corpo Dinamoscópico Semielástico - Curva Característica

Agora que foi estabelecida a equação que permite determinar a relação existente entre a intensidade de força dissipada e a deformação que resulta nos terminais de um corpo dinamoscópico semielástico. E a intensidade de placidez presente no referido corpo. Observando o esquema da seguinte figura:

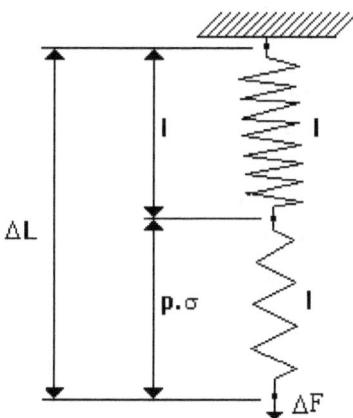

Conclui-se que a deformação resultante, nos terminais do corpo dinamoscópico semielástico deve ser igual à soma das deformações permanentes com a deformação elástica.

$$\Delta L = l + p \cdot \sigma$$

Como a deformação elástica (l) e a intensidade de placidez permanecem constantes, o corpo dinamoscópico em debate se diz linear, pois sua característica será um seguimento de reta.

Então, observa-se que (ΔL) em função de (σ) é claramente linear, o que sugere uma reta, com as seguintes características, de acordo com o indicado na seguinte figura:

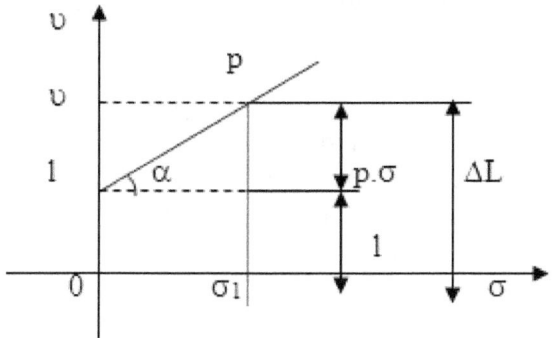

A equação de um corpo dinamoscópico semielástico de constantes (l, p = ΔL = l + p . σ = p . σ + l) é uma função do primeiro grau entre a variação de deformação e a intensidade de força imprimida no sistema dinamoscópico (γ = ΔL, x = σ, a = p, b = l). Pois a função do primeiro grau é a expressão (γ = a . x + b), onde (a) e (b) são constantes.

Na última figura tem-se a característica de um corpo dinamoscópico semielástico que é representado por uma reta de coeficiente angular (p) que corta o eixo das ordenadas no valor de sua deformação perfeitamente elástica (l). Seu gráfico é uma reta que não passa pela origem.

Além disso, conclui-se facilmente que, o coeficiente angular desta reta é igual à constante de intensidade de placidez p, e as constantes da deformação perfeitamente elástica (l) é o valor da ordenada na origem.

$$Tg\alpha \equiv N \ (\Delta L - l)/\sigma$$

Portanto, isto implica que:

$$Tg\alpha \equiv N \ p$$

7. Lei da Associação de um Corpo Dinamoscópico Semielástico e um Permanente

Suponha-se um corpo dinamoscópico de deformação elástica (l) e intensidade de placidez (p), sendo intercalados seus terminais a uma associação paralela a um corpo dinamoscópico dissipador de intensidade de placidez, conforme o indicado no esquema da seguinte figura:

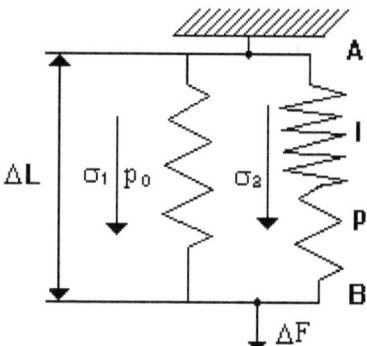

Evidentemente, trata-se de um sistema dinamoscópico muito simples. Nessas condições, a equação característica do corpo dinamoscópico dissipador, permite escrever que:

$$\Delta L = l + p \cdot \sigma_2 \quad (I)$$

Porém, como (ΔL) é tanto a variação de deformação entre os terminais do corpo dinamoscópico semielástico quanto entre os terminais do corpo dinamoscópico dissipador, aplicando a lei de Leandro ao corpo dinamoscópico dissipador tem-se:

$$\Delta L = p_0 \cdot \sigma_1 \quad (II)$$

Portanto, igualando essas duas expressões convenientemente resultam que:

$$p_0 \cdot \sigma_1 = l + p \cdot \sigma_2$$

Isolando a deformação elástica resultante do corpo dinamoscópico semielástico, obtém-se a seguinte:

$$l = p_0 \cdot \sigma_1 - p \cdot \sigma_2$$

Porém, sabe-se que a força totalmente imprimida no sistema dinamoscópico é dada pela seguinte equação:

$$\Delta F = \sigma_1 + \sigma_2$$

Então, substituindo convenientemente na última expressão, resulta:

$$l = p_0 \cdot (\Delta F - \sigma_2) - p \cdot (\Delta F - \sigma_1)$$

Eliminando os termos em evidência, resulta:

$$l = (p_0 \cdot \Delta F - p_0 \cdot \sigma_2) - (p \cdot \Delta F - p \cdot \sigma_1)$$

$$l = (p_0) - (p_0 \cdot \sigma_2/\Delta F) \cdot \Delta F - (p) - (p \cdot \sigma_1/\Delta F) \cdot \Delta F$$

$$l = p_0 \cdot (1 - \sigma_2/\Delta F) \cdot \Delta F - p \cdot (1 - \sigma_1/\Delta F) \cdot \Delta F$$

$$l = [p_0 \cdot (1 - \sigma_2/\Delta F) - p \cdot (1 - \sigma_1/\Delta F)] \cdot \Delta F$$

Esta é a expressão da chamada lei da associação em paralelo de um corpo dinamoscópico semielástico e um corpo dinamoscópico dissipador.

8. Associação de Corpos Dinamoscópicos Semielásticos Lineares

As propriedades e as definições relativas às associações de corpos dinamoscópicos perfeitamente elásticos e perfeitamente dissipadores, são, evidentemente, aplicáveis aos corpos dinamoscópicos semielásticos. Desse modo, os corpos dinamoscópicos semielásticos podem também ser associados de diversas maneiras, constituindo o que denominei por associação de corpos dinamoscópicos semielásticos. Basicamente existem apenas duas associações desse tipo: em série e em paralelo.

A seguir, examinarei apenas o caso da associação de corpos dinamoscópicos semielásticos lineares quaisquer.

9. Associação em Série

Considerarei três corpos dinamoscópicos semielástico, de deformação perfeitamente elástica (l_1, l_2 e l_3), com intensidade de placidez respectivamente igual a (p_1, p_2 e p_3), ligados conforme o esquema indicado na seguinte figura:

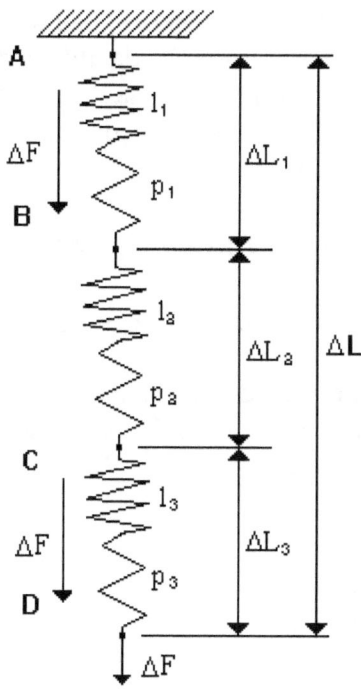

Essa associação apresenta as seguintes características:

10. Intensidade Integral da Força

Tudo se passa como numa associação de corpos dinamoscópicos perfeitamente elástico ou de corpos dinamoscópicos perfeitamente dissipadores associados em série; ou seja, todos os corpos dinamoscópicos semielásticos imprimidos pela ação da mesma intensidade de força (ΔF).

11. Variação de Deformação

Para uma associação em série pode-se escrever a variação da deformação entre os terminais de um corpo dinamoscópico semielástico equivalente como a soma das variações das deformações entre os terminais de cada um dos corpos dinamoscópicos semielásticos associados.

$$\Delta L = \Delta L_1 + \Delta L_2 + \Delta L_3$$

$$L_D - L_A = (L_B - L_A) + (L_C - L_B) + (L_D - L_C)$$

Utilizando a equação característica de um corpo dinamoscópico semielástico para cada um deles, em separado, tem-se:

$$L_B - L_A = l_1 + p_1 \cdot \sigma$$

$$L_C - L_B = l_2 + p_2 \cdot \sigma$$

$$L_D - L_C = l_3 + p_3 \cdot \sigma$$

Substituindo convenientemente, obtém-se:

$$L_D - L_A = (l_1 + p_1 \cdot \sigma) + (l_2 + p_2 \cdot \sigma) + (l_3 + p_3 \cdot \sigma)$$

Portanto:

$$L_D - L_A = (l_1 + l_2 + l_3) + (p_1 + p_2 + p_3) \cdot \sigma$$

Nessas condições, a associação em estudo é resultante a um único corpo dinamoscópico semielástico de deformação perfeitamente elástica ($l = l_1 + l_2 + l_3$); isto implica que a deformação elástica que resulta é igual à somatória das deformações elásticas parciais: ($l = \Sigma l_n$); e a intensidade de placidez ($p = p_1 + p_2 + p_3$) e, portanto a intensidade de placidez que resulta é igual à somatória das intensidades de placidez parciais: ($p = \Sigma p_n$), de tal forma que a equação característica do corpo dinamoscópico resultante é dada por:

$$\Delta L = \Sigma l + \Sigma p \cdot \sigma$$

12. Corpo Dinamoscópico Semielástico Resultante

Em particular chamarei de corpo dinamoscópico resultante à associação de corpos dinamoscópicos, o corpo dinamoscópico semielástico que tenha característica idêntica à associação considerada. Ou seja, corpo dinamoscópico semielástico resultante é aquele que, imprimindo pela força da associação, mantém entre seus terminais uma deformação igual àquela mantida pela associação.

Assim pode-se substituir a associação de corpos dinamoscópicos semielásticos convenientemente por apenas um destes - desde que o mesmo mantenha as características da associação - chamada corpo dinamoscópico semielástico, resultante. Tratando-se de uma associação em série, o corpo dinamoscópico semielástico resultante apresenta deformação elástica (l) e intensidade de placidez (p), respectivamente, iguais à soma das deformações perfeitamente elástica e à soma das intensidades de placidez dos corpos dinamoscópicos semielásticos associados:

$$l = l_1 + l_2 + l_3$$

$$p = p_1 + p_2 + p_3$$

Numa associação em série, o corpo dinamoscópico semielástico resultante deve ser impresso pela mesma intensidade de força (ΔF) que imprime cada um dos corpos dinamoscópicos semielásticos associados, além do mais, a variação de deformação entre os terminais do resultante deve ser a mesma que existia entre os terminais da associação, portanto, com relação ao esquema inicial tem-se:

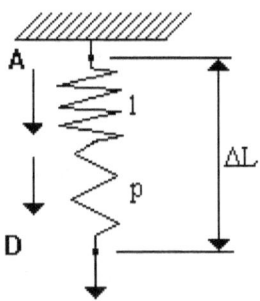

Assim, pode-se escrever:

$$\Delta L = l + p \cdot \sigma$$

Dessa maneira, obtêm-se duas expressões para:

$$L_D - L_A = (l_1 + l_2 + l_3) + (p_1 + p_2 + p_3) \cdot \sigma$$

$$L_A - L_D = -l - p \cdot \sigma \rightarrow L_D - L_A = l + p \cdot \sigma$$

Isso permite escrever que:

$$-l + p \cdot \sigma = -(l_1 + l_2 + l_3) + (p_1 + p_2 + p_3) \cdot \sigma$$

Igualando convenientemente os termos, obtém-se:

$$l = l_1 + l_2 + l_3$$

$$p = p_1 + p_2 + p_3$$

Observa-se então que o resultado obtido demonstra a expressão escrita para a obtenção da intensidade de placidez e da deformação perfeitamente do corpo dinamoscópico semielástico equivalente, quando se trata de uma associação em série de corpos dinamoscópicos de deformações parciais.

De forma genérica, se considerar uma associação em série de (M) corpos dinamoscópicos dissipadores, pode-se escrever:

$$l = \Sigma_{(\sigma =)} l \cdot \sigma$$

$$p = n\Sigma_{(\sigma =1)} p \cdot \sigma$$

As expressões a pouco deduzidas podem ser aplicadas a um número qualquer de corpos dinamoscópicos semielásticos. Em particular para (N) corpos dinamoscópicos iguais, cada um de deformação elástica (l) e intensidade de placidez (p), têm-se:

$$l = n \cdot l_x$$

$$p = n \cdot p_x$$

Observe que, nesta associação, ocorre um aumento de deformação elástica, mas, por outro lado, existe também um aumento da intensidade de placidez. A associação em série de corpos dinamoscópicos semielásticos iguais é o caso mais comum e de certa maneira, de maior interesse prático.

www.ingramcontent.com/pod-product-compliance
Lightning Source LLC
Chambersburg PA
CBHW072133170526
45158CB00004BA/1355